职业教育教学改革系列教材

楼宇智能化工程技术专业系列教材

U0174440

建筑智能化工程施工组织与管理

王建玉　编著

机 械 工 业 出 版 社

本书从职业教育的特点和高等职业院校学生的知识结构出发，运用先进的职教理念，以项目化的方式进行编排。根据建筑智能化工程的特点与工程的施工过程，本书包括建筑智能化工程案例与施工管理要求、建筑智能化工程施工项目招标投标与合同管理、建筑智能化工程施工部署与施工准备、建筑智能化工程施工项目进度管理、建筑智能化工程施工项目资源管理、建筑智能化工程质量管理、建筑智能化工程施工成本管理、建筑智能化工程职业健康安全与环境管理、建筑智能化工程施工组织设计九个项目。

本书通过任务驱动、探索式学习、过程性评价等方式，让学生通过具体项目的实施来掌握建筑智能化工程施工组织与管理的要求和方法，提高学生编写各种施工管理文件的水平，充分体现以学生为主体、以教师为主导的教学理念，实现"做中教、做中学"。

本书适合作为高等职业院校建筑智能化、建筑电气、建筑设备、消防工程等多个专业的教材，也适合电子类专业和希望从事建筑智能化工程施工管理的大学生和研究生阅读，尤其适合从事建筑智能化工程施工的管理人员和技术人员阅读。

为方便教学，本书配有电子课件等教学资源，选择本书作为教材的教师可来电（010-88379195）索取，或登录 www.cmpedu.com 网站注册、免费下载。

图书在版编目（CIP）数据

建筑智能化工程施工组织与管理/王建玉编著. —北京：机械工业出版社，2018.4（2025.1重印）
职业教育教学改革系列教材　楼宇智能化工程技术专业系列教材
ISBN 978-7-111-59424-6

Ⅰ.①建…　Ⅱ.①王…　Ⅲ.①智能化建筑-工程施工-施工组织-职业教育-教材　Ⅳ.①TU745

中国版本图书馆 CIP 数据核字（2018）第 051353 号

机械工业出版社（北京市百万庄大街 22 号　邮政编码 100037）
策划编辑：赵红梅　责任编辑：赵红梅　郭克学
责任校对：潘　蕊　封面设计：陈　沛
责任印制：单爱军
北京虎彩文化传播有限公司印刷
2025 年 1 月第 1 版第 7 次印刷
184mm×260mm · 9.5 印张 · 222 千字
标准书号：ISBN 978-7-111-59424-6
定价：29.00 元

电话服务　　　　　　　　网络服务
客服电话：010-88361066　机　工　官　网：www.cmpbook.com
　　　　　010-88379833　机　工　官　博：weibo.com/cmp1952
　　　　　010-68326294　金　书　网：www.golden-book.com
封底无防伪标均为盗版　机工教育服务网：www.cmpedu.com

前　言

在科技迅猛发展的带动下，我国的建筑智能化工程得到了飞速的发展和进步。智能建筑工程的管理是一个非常复杂的过程，涉及人员、设备、材料、资金等的管理，做好建筑智能化工程的管理工作，可以提升工程质量，确保施工安全，提高综合效益。

作为多年校企深度合作的重要成果，本书按照建筑智能化工程施工企业实际的项目管理流程，并根据高等职业教育学生的认知特点，运用先进的职教理念，对课程内容进行了组织编写。根据建筑智能化工程的特点与工程的施工过程，本书分为建筑智能化工程案例与施工管理要求、建筑智能化工程施工项目招标投标与合同管理、建筑智能化工程施工部署与施工准备、建筑智能化工程施工项目进度管理、建筑智能化工程施工项目资源管理、建筑智能化工程质量管理、建筑智能化工程施工成本管理、建筑智能化工程职业健康安全与环境管理、建筑智能化工程施工组织设计九个项目，每个项目又分为学习目标、项目导入、学习任务、操作指导、问题探究、知识拓展与链接、质量评价标准、项目总结与回顾等模块。通过任务驱动、探索式学习、过程性评价等方式，让学生通过具体项目的实施来掌握建筑智能化工程施工组织与管理的要求和方法，提高学生编写各种施工管理文件的水平，充分体现以学生为主体、以教师为主导的教学理念，实现"做中教、做中学"。

本书适合作为高等职业院校建筑智能化、建筑电气、建筑设备、消防工程等多个专业的教材，也适合电子类专业和希望从事建筑智能化工程施工管理的大学生和研究生阅读，尤其适合从事建筑智能化工程施工的管理人员和技术人员阅读。

本书综合了常州海德克智能科技有限公司、常州因特奈尔智能科技有限公司、江苏首创高科信息工程技术有限公司等多家公司提供的建筑智能化工程施工组织与管理方案，并得到了江苏城乡建设职业学院吕艳玲、王华康、张超老师的关心、帮助和支持，在此一并表示感谢。

由于建筑智能化技术的发展速度较快，管理的方法和措施也在不断进步，且因编者水平有限，书中难免有疏漏之处，敬请专家、同仁和广大读者批评指正。

王建玉

目　　录

前言

项目一　建筑智能化工程案例与施工管理要求 ………………………………………… 1

一、学习目标 ………………………………………………………………………… 1

二、项目导入 ………………………………………………………………………… 1

三、学习任务 ………………………………………………………………………… 1

1. 项目任务 ………………………………………………………………………… 1

2. 任务流程图 …………………………………………………………………… 17

四、操作指导 ……………………………………………………………………… 17

1. 消防报警及联动控制子系统施工图的识读 ……………………………… 17

2. 综合布线子系统施工图的识读 …………………………………………… 20

3. 安防子系统施工图的识读 ………………………………………………… 21

五、问题探究 ……………………………………………………………………… 21

1. 建筑智能化工程的特点 …………………………………………………… 21

2. 建筑智能化工程管理的重点 ……………………………………………… 22

六、知识拓展与链接 ……………………………………………………………… 24

1. 建筑智能化工程的建设程序 ……………………………………………… 24

2. 建筑智能化工程施工组织设计的任务和作用 …………………………… 25

七、质量评价标准 ………………………………………………………………… 25

八、项目总结与回顾 ……………………………………………………………… 26

习题 ………………………………………………………………………………… 26

项目二　建筑智能化工程施工项目招标投标与合同管理 …………………………… 27

一、学习目标 ……………………………………………………………………… 27

二、项目导入 ……………………………………………………………………… 27

三、学习任务 ……………………………………………………………………… 27

1. 项目任务 …………………………………………………………………… 27

2. 任务流程图 ………………………………………………………………… 27

四、操作指导 ……………………………………………………………………… 27

1. 建筑智能化工程施工项目招标文件的编写 ……………………………… 27

2. 建筑智能化工程施工项目投标文件的编写 ……………………………… 28

3. 建筑智能化工程施工合同的签订 ………………………………………… 29

4. 建筑智能化工程施工合同的履行 ………………………………………… 30

5. 建筑智能化工程施工项目索赔报告的撰写 ……………………………… 31

五、问题探究 ……………………………………………………………………… 33

1. 建筑智能化工程招标应具备的条件 ……………………………………… 33

2. 建筑智能化工程的招标方式与方法 ……………………………………… 34

　　3. 建筑智能化工程施工项目招标投标程序 ……………………………………… 34

　　4. 建筑智能化工程施工项目合同履行中的问题及处理 ………………………… 34

　　5. 建筑智能化工程的索赔与反索赔 ……………………………………………… 39

　六、知识拓展与链接 ……………………………………………………………… 40

　　1. 建筑智能化工程招标投标过程中对招标投标人的要求 ……………………… 40

　　2. 合同公证与合同鉴证 …………………………………………………………… 40

　　3. 施工索赔的主要类型 …………………………………………………………… 42

　七、质量评价标准 ………………………………………………………………… 43

　八、项目总结与回顾 ……………………………………………………………… 43

　习题 ………………………………………………………………………………… 43

项目三　建筑智能化工程施工部署与施工准备 …………………………………… 45

　一、学习目标 ……………………………………………………………………… 45

　二、项目导入 ……………………………………………………………………… 45

　三、学习任务 ……………………………………………………………………… 45

　　1. 项目任务 ………………………………………………………………………… 45

　　2. 任务流程图 ……………………………………………………………………… 46

　四、操作指导 ……………………………………………………………………… 47

　　1. 施工部署方案的撰写 …………………………………………………………… 47

　　2. 施工准备工作计划的撰写 ……………………………………………………… 47

　五、问题探究 ……………………………………………………………………… 47

　　1. 建筑智能化工程的管理目标 …………………………………………………… 47

　　2. 建筑智能化工程施工项目的组织部署 ………………………………………… 48

　　3. 建筑智能化工程施工项目的管理部署 ………………………………………… 49

　　4. 建筑智能化工程施工项目的生产部署 ………………………………………… 51

　　5. 建筑智能化工程施工项目的施工准备 ………………………………………… 51

　　6. 建筑智能化工程的开工条件 …………………………………………………… 52

　六、知识拓展与链接 ……………………………………………………………… 53

　　1. 施工项目的组织形式 …………………………………………………………… 53

　　2. 施工项目团队建设的要求 ……………………………………………………… 55

　七、质量评价标准 ………………………………………………………………… 55

　八、项目总结与回顾 ……………………………………………………………… 56

　习题 ………………………………………………………………………………… 56

项目四　建筑智能化工程施工项目进度管理 …………………………………… 57

　一、学习目标 ……………………………………………………………………… 57

　二、项目导入 ……………………………………………………………………… 57

　三、学习任务 ……………………………………………………………………… 57

　　1. 项目任务 ………………………………………………………………………… 57

　　2. 任务流程图 ……………………………………………………………………… 57

　四、实施条件 ……………………………………………………………………… 58

　五、操作指导 ……………………………………………………………………… 58

1. 建筑智能化工程施工项目的项目结构分解方法 ·················· 58

2. 运用 Project 软件编制施工进度计划横道图的方法 ·················· 59

3. 运用 Project 软件编制施工进度计划网络图的方法 ·················· 67

4. 建筑智能化工程施工项目进度控制方案的编制 ·················· 70

六、问题探究 ·················· 72

1. 施工组织与流水施工 ·················· 72

2. 横道图进度计划与网络图进度计划的优缺点 ·················· 73

3. 双代号网络图 ·················· 73

4. 影响施工项目进度的因素 ·················· 77

5. 施工项目进度控制的主要方法 ·················· 77

6. 施工项目进度控制的措施 ·················· 78

七、知识拓展与链接 ·················· 78

1. 进度计划实施中的监测与分析 ·················· 78

2. 施工进度计划的调整 ·················· 80

八、质量评价标准 ·················· 81

九、项目总结与回顾 ·················· 82

习题 ·················· 82

项目五 建筑智能化工程施工项目资源管理 ·················· 84

一、学习目标 ·················· 84

二、项目导入 ·················· 84

三、学习任务 ·················· 84

1. 项目任务 ·················· 84

2. 任务流程图 ·················· 84

四、操作指导 ·················· 85

1. 劳动力使用计划的编写 ·················· 85

2. 材料与设备供应计划的编写 ·················· 85

3. 机具使用计划的编写 ·················· 85

五、问题探究 ·················· 85

1. 项目资源管理的作用和地位 ·················· 85

2. 资源管理计划 ·················· 86

3. 项目资源管理控制 ·················· 86

4. 项目资源管理考核 ·················· 87

六、知识拓展与链接 ·················· 87

七、质量评价标准 ·················· 88

八、项目总结与回顾 ·················· 88

习题 ·················· 89

项目六 建筑智能化工程质量管理 ·················· 90

一、学习目标 ·················· 90

二、项目导入 ·················· 90

三、学习任务 ·················· 90

1. 项目任务 ···················· 90
2. 任务流程图 ···················· 90
四、操作指导 ···················· 90
　　1. 建筑智能化工程的质量目标与质量目标分解 ···················· 90
　　2. 建筑智能化工程质量控制点的确定 ···················· 91
　　3. 建筑智能化工程质量计划的编制原则 ···················· 93
　　4. 建筑智能化工程质量计划的编制要求 ···················· 94
　　5. 建筑智能化工程质量计划的编制步骤 ···················· 95
五、问题探究 ···················· 96
　　1. 建筑智能化工程质量的组织与制度保证 ···················· 96
　　2. 影响建筑智能化工程质量主要因素的控制 ···················· 97
　　3. 建筑智能化工程的质量控制 ···················· 97
六、知识拓展与链接 ···················· 100
　　1. ISO 9000 质量管理体系 ···················· 100
　　2. 质量管理的七项原则 ···················· 102
　　3. 建筑智能化工程质量管理中实施 ISO 9000 族标准的意义 ···················· 104
七、质量评价标准 ···················· 105
八、项目总结与回顾 ···················· 105
　　习题 ···················· 105

项目七　建筑智能化工程施工成本管理 ···················· 107
一、学习目标 ···················· 107
二、项目导入 ···················· 107
三、学习任务 ···················· 107
　　1. 项目任务 ···················· 107
　　2. 任务流程图 ···················· 107
四、操作指导 ···················· 108
　　1. 建筑智能化工程施工成本预测 ···················· 108
　　2. 建筑智能化工程施工成本计划的编写 ···················· 108
　　3. 建筑智能化工程施工成本控制的要求、依据和步骤 ···················· 110
　　4. 建筑智能化工程施工成本控制的方法 ···················· 111
五、问题探究 ···················· 113
　　1. 建筑智能化工程施工成本管理的特点 ···················· 113
　　2. 建筑智能化工程施工成本管理的体制 ···················· 113
　　3. 建筑智能化工程施工成本管理的作用和意义 ···················· 114
六、知识拓展与链接 ···················· 115
　　1. 施工成本管理的赢得值法 ···················· 115
　　2. 施工项目成本核算 ···················· 116
　　3. 施工项目成本分析 ···················· 117
七、质量评价标准 ···················· 118
八、项目总结与回顾 ···················· 119

习题 ··· 119

项目八　建筑智能化工程职业健康安全与环境管理 ················ 120

一、学习目标 ··· 120

二、项目导入 ··· 120

三、学习任务 ··· 120

  1. 项目任务 ··· 120

  2. 任务流程图 ·· 120

四、操作指导 ··· 120

  1. 建筑智能化工程安全生产管理方案的编写 ················ 120

  2. 建筑智能化工程安全技术交底记录卡的填写 ·············· 125

  3. 建筑智能化工程文明施工与环境保护方案的编写 ·········· 125

五、问题探究 ··· 127

  1. 建筑智能化工程职业健康安全与环境管理的特点 ·········· 127

  2. 建筑智能化工程职业健康安全管理的目标与要求 ·········· 127

  3. 建筑智能化工程的环境管理要求 ························· 128

  4. 建筑智能化工程职业健康安全与环境体系的建立与运行 ···· 129

六、知识拓展与链接 ·· 130

  1. 危险源 ·· 130

  2. 环境因素和危险源的识别与描述 ························· 130

七、质量评价标准 ·· 131

八、项目总结与回顾 ·· 131

习题 ·· 131

项目九　建筑智能化工程施工组织设计 ·························· 133

一、学习目标 ··· 133

二、项目导入 ··· 133

三、学习任务 ··· 133

  1. 项目任务 ··· 133

  2. 任务流程图 ·· 133

四、操作指导 ··· 133

  1. 建筑智能化工程施工组织设计的内容 ···················· 133

  2. 施工组织设计的编制要求 ······························· 134

五、问题探究 ··· 135

  1. 建筑智能化工程施工组织设计的作用 ···················· 135

  2. 建筑智能化工程施工组织设计的编制依据 ················ 135

  3. 建筑智能化工程施工组织设计的编制程序 ················ 136

六、知识拓展与链接 ·· 136

  1. 建筑智能化工程的竣工验收 ···························· 136

  2. 建筑智能化工程的技术档案与资料管理 ·················· 139

七、质量评价标准 ·· 140

八、项目总结与回顾 ·· 140

习题 ·· 140

参考文献 ·· 142

项目一 建筑智能化工程案例与施工管理要求

一、学习目标

1）通过智能化工程图纸的识读，了解施工组织管理的对象。

2）掌握建筑智能化工程施工的特点及施工组织管理要点。

3）掌握建筑工程项目管理的基本知识。

二、项目导入

建筑智能化工程综合了计算机、通信、自动控制和网络等技术，使得建筑物内的电力、空调、照明、防火、防盗和运输等设备协调工作，从而实现建筑设备自动化、通信自动化和办公自动化。建筑智能化工程是信息技术的综合应用与体现，其建设过程涉及多个专业领域，是一个综合的系统集成工程。

下面以一个由消防报警子系统、综合布线子系统、安防子系统组成的建筑智能化工程施工项目为例，完成施工组织管理和施工组织设计。为了便于识图，各子系统的系统图和平面图分别绘制，如图 1-1~图 1-15 所示。

三、学习任务

1. 项目任务

1）根据图纸，列出各子系统的设备与材料清单，并填入表 1-1 中。

2）根据图纸，列出建筑智能化工程施工所需要完成的工作及相应的工程量，并填入表 1-2 中。

表 1-1　建筑智能化工程中的设备与材料清单

序号	设备或材料名称	型号与规格	单位	数量	单价	金额

说明:

1.外墙宽为440mm，内墙宽为200mm，隔墙宽为120mm。

2.柱底面尺寸为600mm×600mm。

3.除旋转门外，其余的门宽有1500mm、1200mm、900mm、800mm几种规格。

4.圆弧窗内侧半径为2000mm，180°；推拉窗宽为1800mm。

5.一层层高为4.2m，二～四层层高为3.6m，每层楼板层厚为150mm。

6.柱间梁高为0.65m。

7.本工程采用上海松江报警设备有限公司产品，产品规格型号见图例表。

序号	图例	名称	型号	安装方式及高度
1	AL	火警报警联动一体机	JB-QB-YA1506/32	1.5m
2		接线端子箱	HJ-1701/20	1.4m
3	G	短路隔离器	HJ-1751	端子箱内
4		点型光电感烟探测器	JTY-GD-3001	吸顶
5		点型感温探测器	JTW-BCD-3003	吸顶
6		手动报警按钮	J-SAP-M-03	1.5m,带电话插孔
7	B	楼层显示器	JB-SX-96	1.5m
8	F	水流指示器	HJ-1750B	吸顶
9		警铃	YAE-1	2.5m

图例表

接线端子箱
四层
三层
二层
一层
G
17
1
1
1
1
14
2
1
1
2
19
3
1
1
3
21
3
3
1
1
2
火警报警联动一体机AL
600×400×200
电话线 ZR-RVP-2×1.0 JDG15 WC/FC
联动电源线 24V ZR-BV-2×2.5 SC20 WC/CC
报警总线 ZR-RVS-2×1.0 SC15 WC/CC

消防系统图

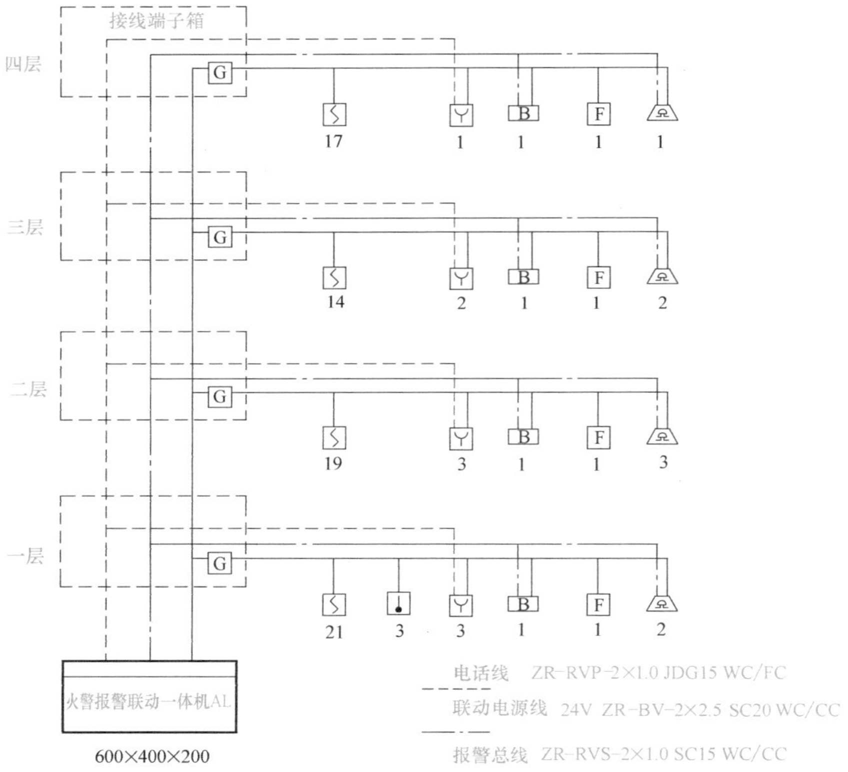

图 1-1 消防报警子系统设计说明与系统图

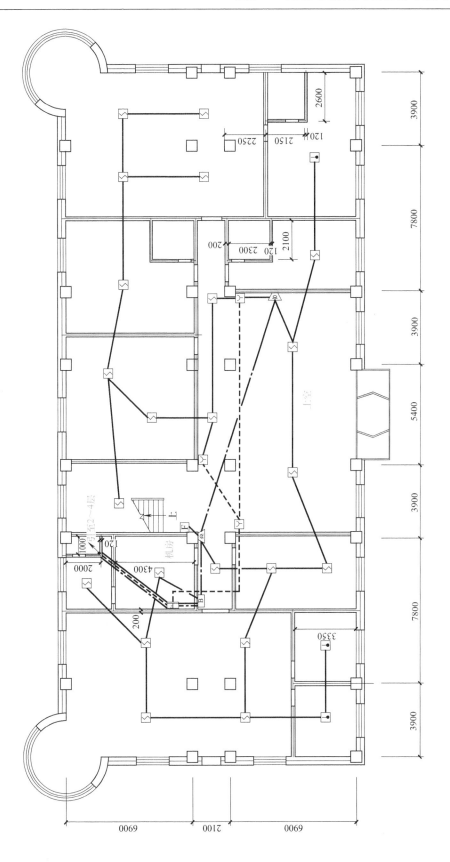

一层消防平面图 1:100

图 1-2　消防报警广系统一层平面图

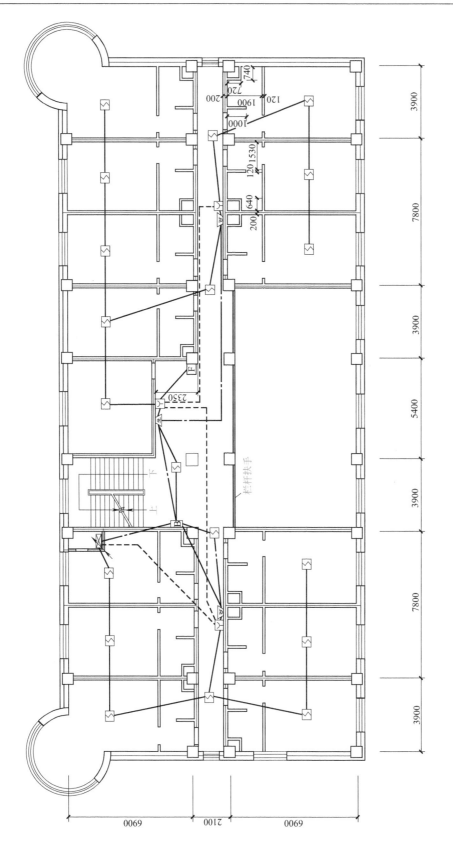

二层消防平面图 1:100

图 1-3　消防报警子系统二层平面图

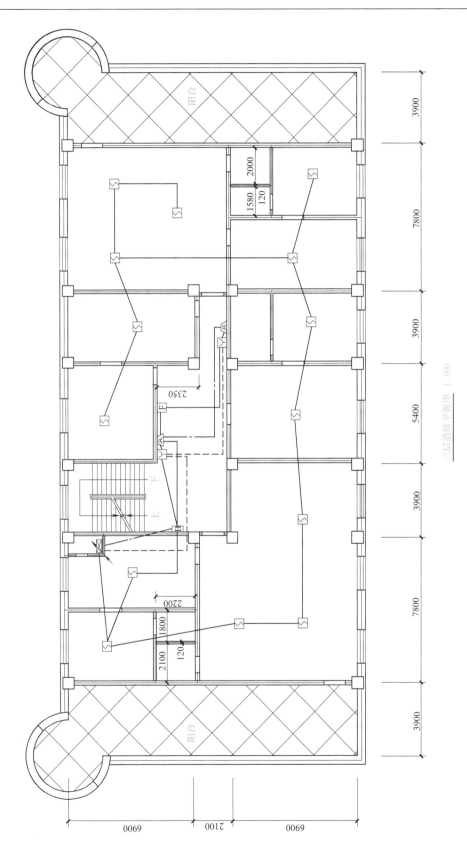

三层消防平面图 1:100

图 1-4　消防报警子系统三层平面图

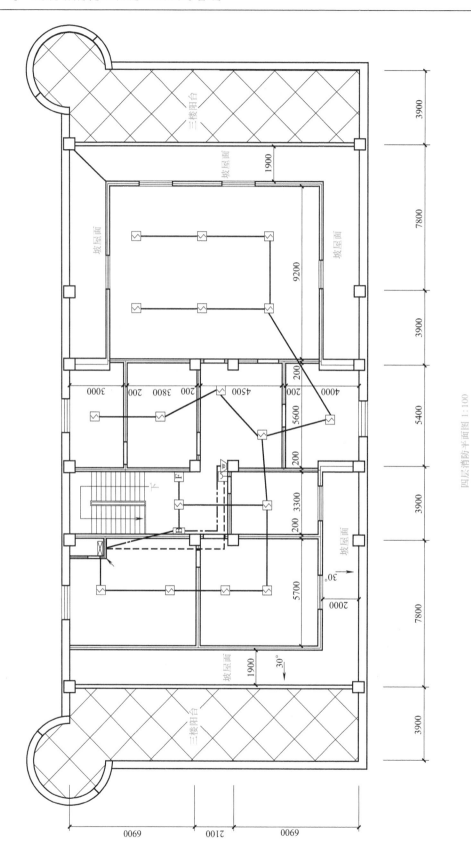

四层消防平面图 1:100

图 1-5　消防报警子系统四层平面图

说明：

1. 外墙宽为440mm，内墙宽为200mm，隔墙宽为120mm。

2. 柱底面尺寸为600mm×600mm。

3. 除旋转门外，其条的门宽有1500mm、1200mm、900mm、800mm几种规格。

4. 圆弧窗内侧半径为2000mm，180°，推拉窗宽为1800mm。

5. 一层层高为4.2m，二～四层层高为3.6m，每层楼板层厚为150mm。

6. 柱间梁高为0.65m。

7. 总配线架至楼层配线架采用6类50对电缆，楼层配线架至信息插座采用6类双绞线。

8. 桥架采用钢制槽式桥架，规格见平面图。

9. 桥架至各信息插座采用JDG管沿墙、沿吊顶暗敷，空线规则：4根穿JDG25；2～3根穿JDG20；1根穿JDG5。

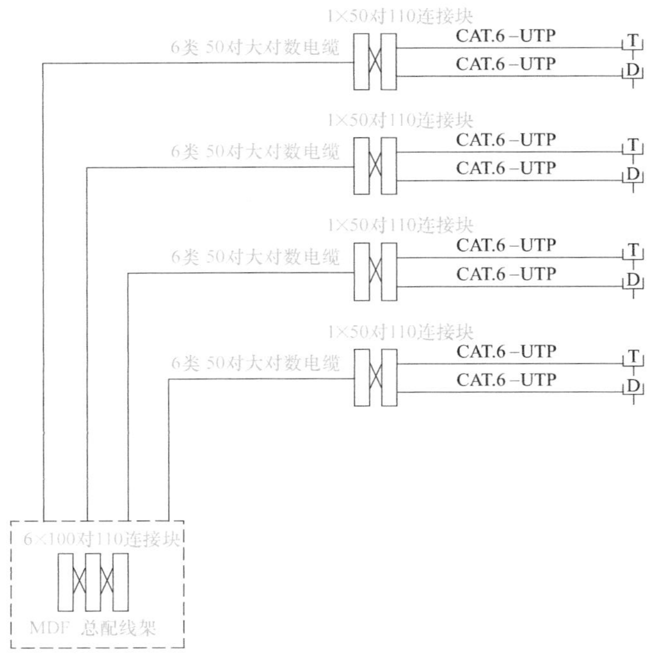

通信系统图

图 1-6　综合布线子系统设计说明与通信系统图

图例表

序号	图例	名称	尺寸	安装方式及高度
1	MDF	总配线架	600mm×1200mm×300mm	落地安装
2	FD	楼层配线架	500mm×600mm×300mm	1.4m
3	TP	电话插座		0.3m
4	D	数据插座		0.3m

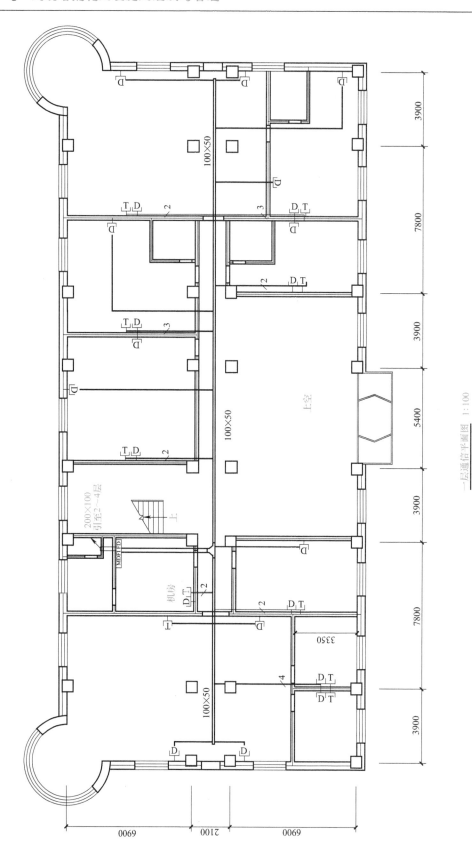

一层通信平面图 1:100

图 1-7 综合布线子系统·层通信平面图

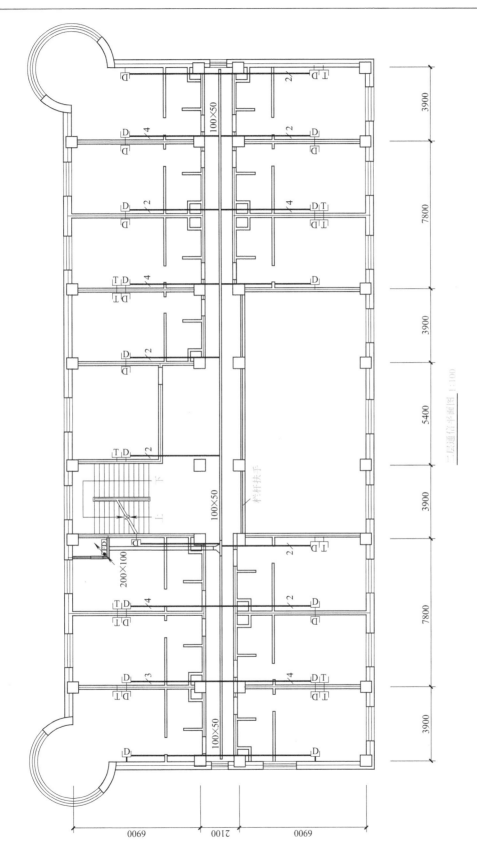

图 1-8 综合布线子系统一层通信平面图

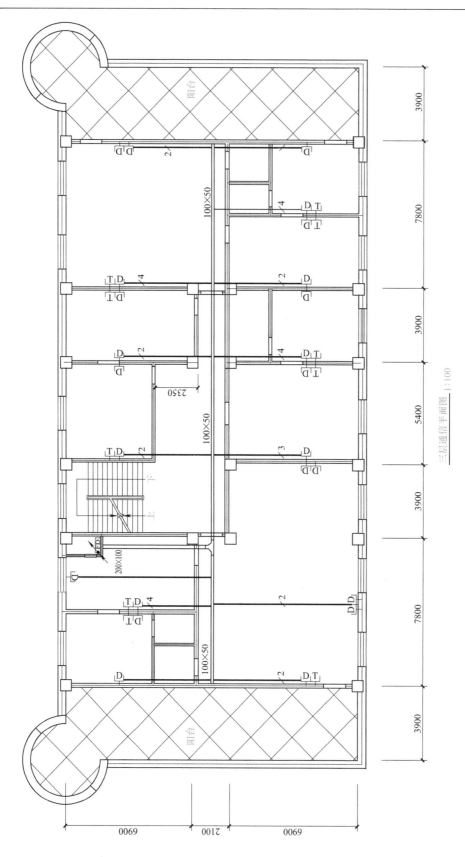

三层通信平面图 1:100

图1-9 综合布线子系统三层通信平面图

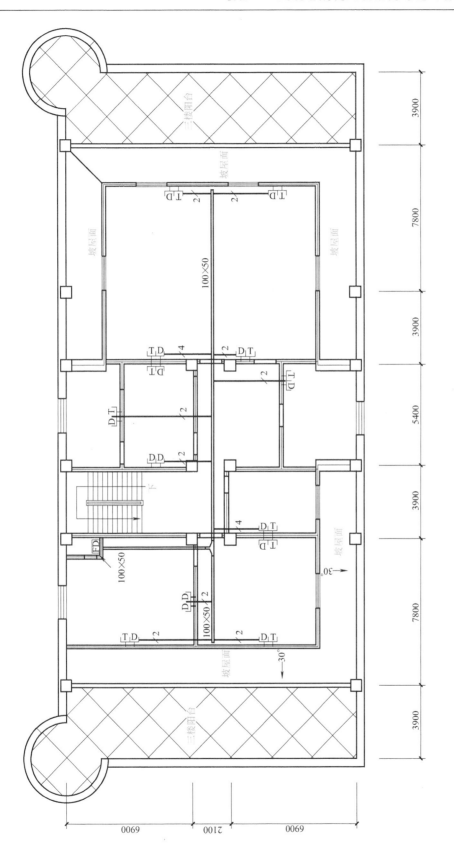

四层通信平面图 1:100

图 1-10 综合布线系统四层平面图

说明:

1.外墙宽为440mm，内墙宽为200mm，隔墙宽为120mm。

2.柱底面尺寸为600mm×600mm。

3.除旋转门外，其余的门宽有1500mm、1200mm、900mm、800mm几种规格。

4.圆弧窗内侧半径为2000mm，180°;推拉窗宽为1800mm。

5.一层层高为4.2m，二～四层层高为3.6m，每层楼板层厚为150mm。

6.柱间梁高为0.65m。

7.室外摄像机距地为4.2m，室内摄像机采用吸顶式安装。

8.桥架采用钢制槽式桥架，规格见通信平面图。

9.桥架至各探测器或摄像机采用JDG管沿墙、沿吊顶暗敷，穿JDG20。

序号	图例	名称	型号
1	IR/M	被动红外探测器	博世 ISC-BDL2WP6G-CHI
2		彩色摄像机	海康威视 DS-2CE16D1T-I75
3		高速球形一体机	大华 DH-SD6C80K-6C
4		彩色显示器	US-M17019
5	DVR	数字硬盘录像机	海康威视 DS-7816HQH-F/N
6	矩阵	视频矩阵	HAV-8064ZX-8-5

图例表

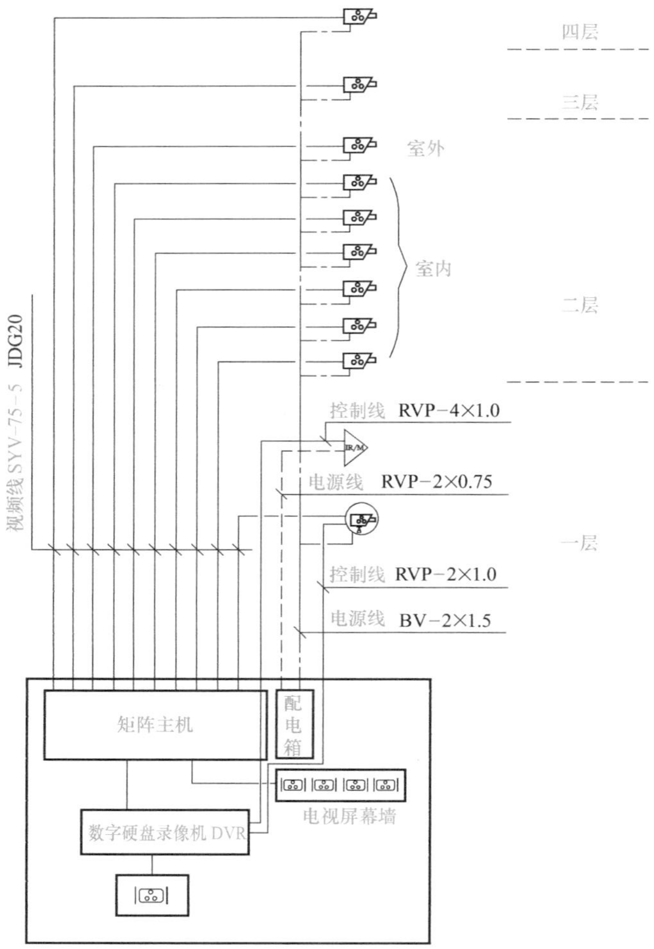

安防系统图

图 1-11 安防子系统设计说明与系统图

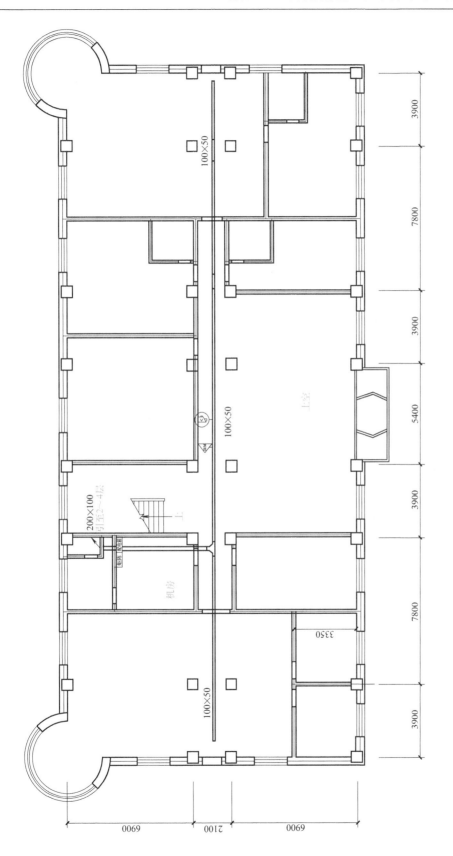

图 1-12 安防子系统一层平面图

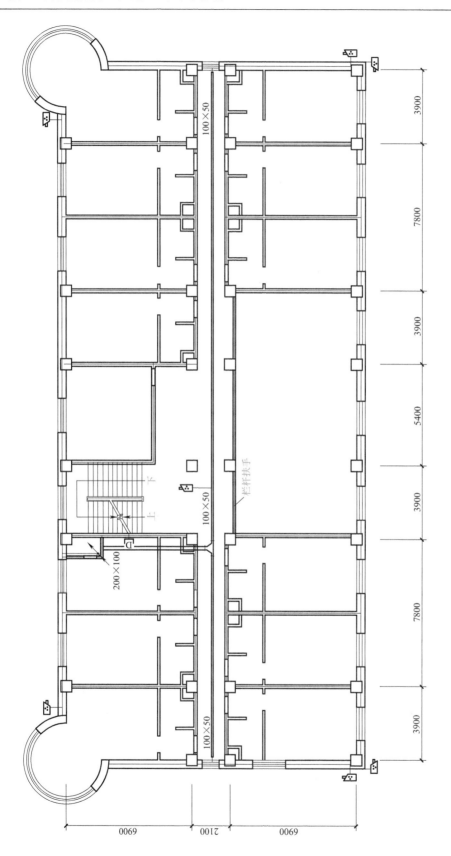

二层安防平面图 1:100

图 1-13 安防子系统二层平面图

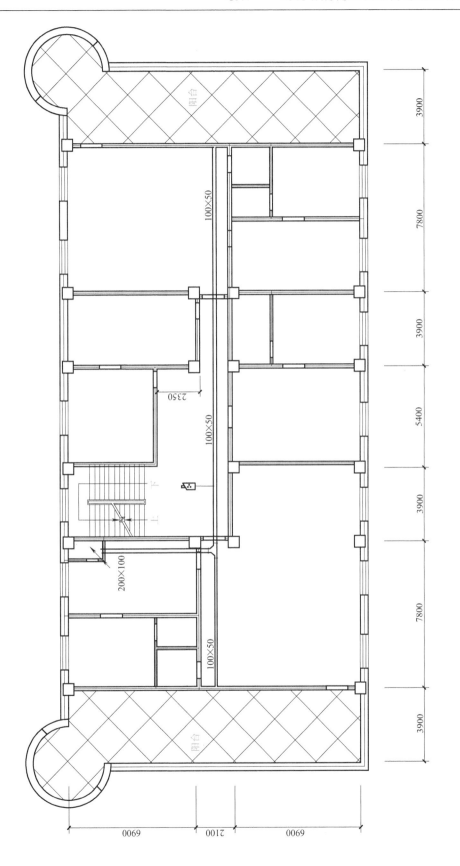

三层安防平面图 1:100

图 1-14　安防子系统三层平面图

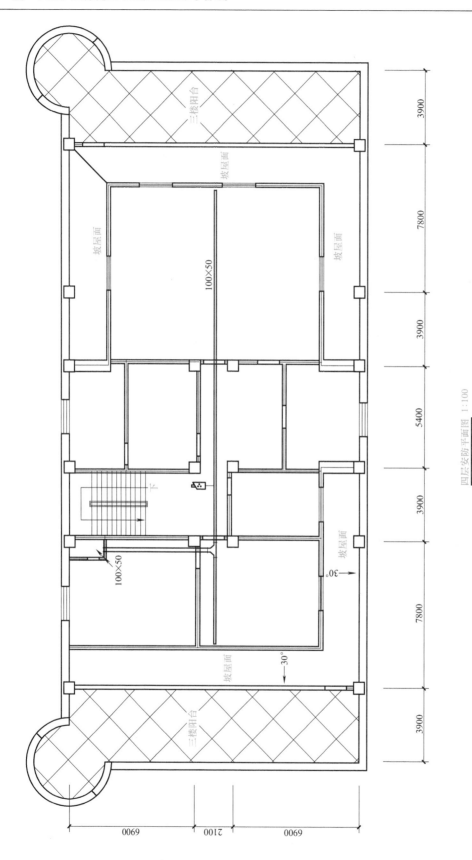

四层安防平面图 1:100

图1-15 安防子系统四层平面图

表 1-2　建筑智能化工程中的工作及工程量

序号	工作名称	工作内容	人数	持续时间	施工费用

2. 任务流程图

本项目的任务流程图如图 1-16 所示。

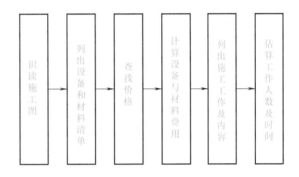

图 1-16　任务流程图（一）

四、操作指导

1. 消防报警及联动控制子系统施工图的识读

（1）常用图形符号

消防报警及联动控制子系统工程图绘制时一般都采用国家标准规定使用的图形符号，其常用图形符号见表 1-3。

表 1-3　消防报警及联动控制子系统常用图形符号

序号	图形符号	名称	序号	图形符号	名称
1		火灾报警装置	8		并联感温探测器
2		火灾区域报警装置	9		并联感烟探测器
3		感温探测器	10		火灾警铃
4		感烟探测器	11		火灾报警扬声器
5		感温感烟复合探测器	12		报警电话
6		感光探测器	13		电话插孔
7		可燃气体探测器	14		手动报警按钮

（续）

序号	图形符号	名称	序号	图形符号	名称
15		带电话插孔的手动报警按钮	24	JL	防火卷帘控制箱
16	⊗	消火栓手动报警按钮	25	XFB	消防泵控制箱
17	SF	送风阀	26	PLB	喷淋泵控制箱
18	X	排烟阀	27	WYB	稳压泵控制箱
19	X	防火阀	28	KTJ	空调机控制箱
20	CRT	显示盘	29	ZYF	正压风机控制箱
21	I	输入模块	30	XFJ	新风机控制箱
22	C	控制模块	31	C	排烟口
23	SQ	双切换盒	32	P	防烟口

（2）工程图的主要内容及阅读方法

消防报警及联动控制系统工程图的阅读，从安装施工角度来说并不是太困难，也并不复杂。阅读的一般方法有：

1）应按阅读建筑电气工程图的一般顺序进行阅读。首先应阅读系统图，了解整个系统的基本组成及其相互关系，做到心中有数。

2）阅读说明。平面图常附有设计或施工说明，以表达图中无法表示或不易表示，但又与施工有关的问题；有时还给出设计所采用的非标准图形符号。了解这些内容对进一步读图是十分必要的。

3）了解建筑物的基本情况，如房屋结构、房间分布与功能等。因为管线敷设及设备安装与房屋的结构直接相关。

4）熟悉火灾探测器、手动报警按钮、报警电话、消防广播、报警控制器及消防联动设备等在建筑物内的分布及安装位置，同时要了解它们的型号、规格、性能、特点及安装技术要求。对于设备的性能、特点及安装技术要求，如手动报警按钮距地的高度等，往往要通过阅读相关技术资料及验收规范来了解。

5）了解线路的走线及连接情况。在了解了设备的分布后，就要进一步明确线路的走线情况，从而弄清它们之间的连接关系，这是最重要的。一般从进线开始，一条一条地阅读。如果这个问题解决不好，就无法进行布线施工。

6）平面图是施工单位用来指导施工的依据，也是施工单位用来编制施工方案和编制工程预算的依据。而设备的具体安装图却很少给出，这只能通过阅读安装大样图（国家标准）来解决。所以，阅读平面图和阅读安装大样图应相互结合起来。

7）平面图只表示设备和线路的平面位置，很少反映空间高度。但是在阅读平面图时，必须建立起空间概念。这对预算技术人员特别重要，可以防止在编制工程预算时，造成垂直敷设管线的漏算。

8）相互对照、综合看图。为了避免消防报警及联动控制系统设备及其线路与其他建筑设备及管路在安装时发生位置冲突，在阅读消防报警及联动控制系统平面图时，要对照阅读其他建筑设备安装工程施工图，同时还要了解相关规范的要求。

（3）系统图的阅读方法

消防报警及联动控制系统图主要反映系统的组成和功能，以及组成系统的各设备之间的连接关系等。系统的组成随被保护对象的分级不同、所选用的报警设备不同，其基本形式也有所不同。图 1-17 所示为消防报警及联动控制系统图。

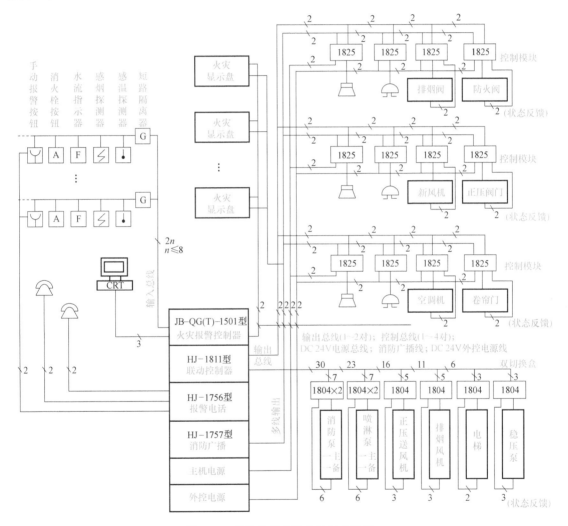

图 1-17　消防报警及联动控制系统图

该系统由 JB-QG（T）-1501 型火灾报警控制器和 HJ-1811 型联动控制器构成。JB-QG（T）-1501 型火灾报警控制器是一种可进行现场编程的二总线制通用报警控制器，既可作为区域报警控制器使用，又可作为集中报警控制器使用。该控制器最多有 8 对输入总线，每对输入总线可带探测器和节点型信号 127 个；最多有两对输出总线，每对输出总线可带 31 台火灾显示盘。通过 RS-232 通信接口（三线）将报警信号送入联动控制器，以实现对建筑内消防设备的自动、手动控制。通过另一组 RS-232 通信接口与计算机连机，实现对建筑的平面图、着火部位等的 CRT 彩色显示。每层设置一台火灾显示盘，可作为区域报警控制器，显示盘可进行自检，内装有 4 个输出中间继电器，每个继电器有 4 对输出触点，可控制消防联动设备。火灾显示盘为集中供电，由主机电源引出 DC24V。

联动控制系统中一对（最多有 4 对）输出控制总线（即二总线制），可通过控制 32 台火灾显示盘（或远程控制器）内的继电器来达到对每层消防联动设备的控制。二总线返回信号，可接 256 个返回信号模块；设有 128 个手动开关，用于手动控制火灾显示盘（或远程控制箱）内的继电器。

中央外控设备有消防泵、喷淋泵、正压送风机、排烟风机、电梯、稳压泵等，可以利用联动控制器内 16 对手动控制按钮来控制机器内的中间继电器，用于手动和自动控制上述集中设备（如消防泵、排烟风机等）。

图 1-17 中的报警电话和消防广播装置是系统的配套产品。HJ-1756 型报警电话共有四种规格：20 门、40 门、60 门和二线直线电话。二线直线电话一般设置于手动报警按钮旁，只需将手提式电话机的插头插入电话插孔即可与总机（消防中心）通话。多门报警电话，分机可向总机报警，总机也可呼叫分机通话。

HJ-1757 型消防广播装置由联动控制器实现对火层及其上、下层三层紧急广播的联动控制。当有背景音乐（与火灾事故广播兼用）的场所火灾报警时，由联动控制器通过其执行件（控制模块或继电器盒）实现强制切换到火灾事故广播的状态。

（4）平面图的阅读方法

消防报警及联动控制系统的平面图主要反映报警设备及联动设备的平面布置、线路的敷设等。图 1-18 所示为某大楼消防报警及联动控制系统楼层平面图。

图 1-18 示出了火灾显示盘、感烟探测器、感温探测器、警铃、扬声器、非消防电源、水流指示器、正压送风口、排烟阀、消火栓按钮等的平面位置。根据平面图安装配线比较方便。更重要的是，在熟悉系统图和平面图的基础上，还要全面熟悉联动设备的控制。

2. 综合布线子系统施工图的识读

（1）综合布线子系统图的识图要点

1）工作区：各层的插座型号和数量。

2）配线子系统：电信间的数量及位置；电信间配线架（FD）、光纤互联单元编号、规格、数量；各层配线电缆或光缆的型号、规格和数量。

3）干线子系统：设备间的位置；程控电话交换机（PBX）和网络设备（集线器或网络交换机）等；建筑物配线架（BD）的编号、规格及数量；干线缆线的路由、编号、规格及分布数量。

4）建筑群子系统：公共电信网进线间位置；建筑群配线架（CD）的编号、规格及数量；建筑群主干线电缆的路由、编码、规格及分布数量。

（2）综合布线子系统平面图的识图要点

综合布线子系统平面图可与其他弱电系统的平面图表示在同一张图纸上，识图时应明确以下要点：

1）电话局进线的具体位置、标高、进线方向，进线管道数目、管径。

2）电话机房和计算机机房的位置。

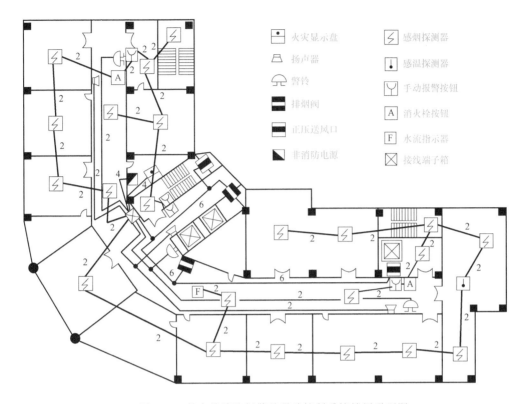

图例说明：

火灾显示盘　感烟探测器

扬声器　感温探测器

警铃　手动报警按钮

排烟阀　A 消火栓按钮

正压送风口　F 水流指示器

非消防电源　接线端子箱

图 1-18　某大楼消防报警及联动控制系统楼层平面图

3）电话局进线，由机房引出线槽的位置。

4）每层信息点的分布、数量，插座的形式、安装标高、安装位置和预埋底盒。

5）配线线缆的路由。由线槽到信息插座之间管道的材料、管径、安装方式和安装位置；如果采用线槽，则应当标明线槽的规格、安装位置和安装形式。

6）弱电竖井的数量、位置、大小，是否提供照明电源、220V 设备电源和地线，有无通风设施。

7）弱电竖井中线缆敷设材料的规格、尺寸和安装位置。

3. 安防子系统施工图的识读

根据建筑物的特点，本项目的安防子系统仅包括视频监控系统。视频监控系统的系统图确定了系统设备和器材的相互联系，摄像机、被动红外探测器、矩阵主机、硬盘录像机等的性能、数量，导线的型号、规格、根数等。通过阅读系统图，了解系统的基本组成之后，就可以依据平面图编制工程预算和施工方案，然后组织施工。

视频监控系统的平面图确定了系统设备在建筑平面图中的位置，传输线的走向，线路的起始点、敷设部位和敷设方式等。

五、问题探究

1. 建筑智能化工程的特点

相对于其他建筑专业，建筑智能化工程具有以下特点。

（1）相对施工面广

一般来说，现在的工程总体建筑面积都比较大，而建筑智能化系统涉及建筑及园区内的各个角落，需要协调的工种最为繁多。

（2）相对施工周期长

相对于其他建筑工种来说，建筑智能化系统涉及管路的前期预埋、最后的统一调试，很多工作都要在装修结束后才能进行，所以建筑智能化工种常是安装工种中最早进场、最后撤离的队伍。

（3）小范围施工密度高

就建筑智能化系统本身来说，涉及系统的汇总控制中心（如语音、数据配线中心等施工场合），其具有施工空间小、施工环境相对封闭、施工密度紧凑、施工工艺要求高等特点，这也是建筑智能化工种相对于其他工种来说比较独特的施工特点。

（4）施工专业技能要求高

在非本行业工种人员看来，建筑智能化系统中的设备安装、线缆连接、设备调试等工作极为轻松，但对细节专业（电力、暖通、声学、光学、土建、装饰、包装、物理、电子等）要求很高。例如，在监控报警方面，需要了解环境的照度、干扰环境的因素、装修装饰结构等；在音响系统方面，又需要对音乐比较敏感的专业人士；甚至从某一插座的布放位置都可以看出施工人员的专业程度。

建筑智能化系统包含了二十多个子系统，需要的专业知识很广；同时，建筑智能化是一个发展中的概念，它随着科学技术的进步和人们对其功能要求的变化而不断更新、补充内容。

（5）设备材料、成品保护难度大

无论是建筑智能化系统的终端设备、传输线路还是前端设备，其涉及的具体物理空间都能够涵盖建筑物的各个角落，而现在的很多建筑智能化设备拆装方式简单，没有有效的防盗装置，且个体设备的经济价格相对较高，所以更容易成为盗窃目标。相对于其他工种而言，其成品保护管理难度较大。

（6）相对有效施工率低

以进场时间与离场时间差为分母，有效施工周期为分子，可以得到一个施工率。建筑智能化工程是单项工程中施工率较低的施工工种之一。

由于建筑智能化系统在国内建筑行业中属于比较新兴的行业，其相对发展还不是很成熟，而且在各单项建筑中，建筑智能化系统属于配套安装工种，受到总包方的重视程度也不够，所以当建筑智能化工种安装某一设备时，往往需要等待土建的粉刷、装饰的装潢、消防、强电、给水排水、空调等一系列专业完成之后，才能进行实际施工。

（7）施工成果变动性大

建筑智能化系统作为配套安装工种，其施工成果变动性大。例如，装修方案更改后，其管路、终端位置就需要按照更该后的方案实施，而且这样的更改安装次数通常较多。

2. 建筑智能化工程管理的重点

根据建筑智能化工程的特点，要想管理好建筑智能化工程，除了严格按照批准的施工组织设计安排好施工工作，抓好人、机、料、法、环等各个环节，落实成本、进度、质量、安全等各项保证措施外，还要着重做好以下几点工作。

（1）科学合理地安排好施工各阶段的工作

1）施工准备阶段。本阶段是保证施工顺利进行的前提，主要包括技术准备、物质准备、组织准备及有关作业条件的准备等，具体内容有：熟悉与工程有关的文件、合同等，了解工程特点和施工总体要求；组织有关人员研究、熟悉施工图，了解设计意图和适用规范，认真做好图纸会审工作。由于该工程工种间交叉配合较为复杂，公司、项目部将组织图纸预会审工作，重点对工种间存在的问题先行协商，并在施工图会审中反映出来。施工准备阶段的重点工作有：

① 项目部编制分部施工方案。

② 根据现场条件做好临时设施、施工场地的安排和文明现场的布置工作。

③ 根据土建施工进度情况，组织劳动力、机具、材料进场。

④ 组织人员认真学习施工规范和质量体系程序，并逐级进行技术交底，主要内容包括设计要求、施工工艺、质量标准、技术措施和安全措施等，并做好技术交底记录和开工资料。

2）预留预埋阶段。本阶段主要做好与土建单位的配合工作，服从土建单位进度，及时做好各类管道、设备、附件的预留孔洞、预埋件工作。部分预留孔洞尺寸较大时，在混凝土墙板部位的预留工作由土建单位负责，但有关工程技术人员要及时做好尺寸、位置的复核、校对工作，以确保预留预埋的准确性。各类套管、预埋件根据图纸事先预制完毕。

3）主体施工阶段。本阶段工作量比较大，工程正处于全面铺开的时期。此时，要及时与土建及其他单位做好质量、进度的协调，定期召开协调会议，在总包单位的统一指挥下，采取立体交叉作业、流水作业等方式，严格按计划落实各节点部位。

4）安装、调试阶段。本阶段安装、调试的工作量较大，特别要与装饰单位做好配合、协调工作，并进行会审，经建设单位确认后实施。安装时应密切注意与墙、地面砖的接缝和周边，同时保护好各类施工产品，保持产品的美观，为项目创优创造条件。

（2）协调好与各专业的配合工作

1）与设计单位的配合。协同设计方进行施工图交底，综合安排考虑各系统管道线路布局，发现问题及时与设计方取得联系，协助设计方解决各种技术问题。

2）与土建单位的配合。

① 控制中心机房的施工配合。交付安装条件为：土建湿作业及内粉刷作业完工，门窗安装完工，除预留的设备进入孔外，围护墙砌完。交付时间根据工程进度计划与土建方协商确定。

② 设备基础及留孔的配合。设备基础应尽早浇筑，未达到强度70%，不得安装设备。土建方检查基础位置尺寸及留孔，我方复查通过后，土建方向我方办理交接记录。

③ 插座、面板的安装配合。插座、面板安装应做到位置准确，施工时不得损伤墙面，若孔洞较大，应先做处理，在粉刷后再装箱盖和面板。

④ 施工用电及场地的使用配合。因施工单位多、穿插作业多，对施工用电、现场交通及场地使用，应在土建方统一安排下协调解决，以达到互创条件的目的。

⑤ 成品保护的配合。安装施工不得随意在土建墙体上打洞，因特殊原因必须打洞时，应与土建方协商，确定位置及孔洞大小；安装施工中应注意对墙面、吊顶的保护，避免污染。

⑥ 通过建设方与各施工方协调共同做好安装成品保护，要求土建施工人员不得随意扳动已安装好的管道、线路、开关、阀门，不得随意取走预埋管道管口的管堵。

3）与机电安装单位的配合。建筑智能化系统须对机电设备进行监控，机电设备的安装进度、调试时间、预留的接口位置、软件通信的协议等直接影响到建筑智能化系统的施工、安装及调试。建筑智能化工程在机电设备安装完毕前，就应与安装分包单位进行协调工作，划分工作界面，索取必要的资料。在机电设备安装并调试完毕后，建筑智能化系统才能对其进行控制联动的调试。

4）与消防安装单位的配合。密切配合消防专业，满足消防所必需的相关要求。完成消防控制系统与背景音乐及紧急广播系统、数字化建筑群集成系统的接合工作，消防联动设施提供接驳条件，在消防安装单位的配合下进行系统的联合调试等。

5）与电梯安装单位的配合。配合电梯安装单位完成电梯内视频监控系统的安装调试工作，并完成电梯系统与建筑智能化系统控制的接合工作，提供相应的通信接口（如有）等。

6）与其他有关分包、安装单位的配合。

① 与各分包单位积极配合，协调施工，特别是对线槽及管道的走向及设备安装的位置，在施工前应核对图纸，发现问题及时沟通、解决。

② 与管道、电气安装工种密切配合，能施工的尽量赶早，以便给其他工种创造施工条件。

③ 设备到货后尽快就位，为管道配管与电气接线创造条件。

④ 建筑智能化系统总供电线路由电气专业方负责提供。

⑤ 电气承包方将为建筑智能化系统电力供电提供所需的线槽及管道，建筑智能化施工单位须按时向电气承包方提供工程范围内各系统的有关施工图。

⑥ 建筑智能化施工单位须与电气专业方协调以进行所需的安装配合工作，并就双方的接驳口商定准确的位置。

（3）处理好交叉作业工作

1）在基础工程施工时，要做好相应进线管沟的垫层、管沟墙，然后回填土。

2）在主体结构施工时，应在砌砖墙或现浇钢筋混凝土楼板的同时，预留建筑智能化系统井道、孔槽，预埋钢管和其他预埋件。

3）在装饰工程施工前，安设相应的各种管道、附墙暗管和接线盒等，面板和设备的安装在楼地面和墙面抹灰前或后穿插施工，在吊顶安装前完成桥架的安装。

4）室外管网工程的施工可安排在土建工程前或与其同时施工。

总之，在建筑智能化工程的施工管理过程中，始终要重视内部和外部的沟通与协调工作，做好各项工作的应急预案，特别是工程后期，各个工种的交叉作业增多，又都在赶进度，这时的沟通与协调就显得尤为重要了。同时到了施工后期，土建、安装、装饰等专业的工程进度时刻在变，对建筑智能化工程的施工肯定会造成很多影响，必须随时对建筑智能化工程的工期进行调整，并采取各种有效措施，这样才能确保工程顺利完工。

六、知识拓展与链接

1. 建筑智能化工程的建设程序

建筑智能化工程的建设程序包括项目决策、设计、交易、实施和竣工验收五个阶段，每个阶段的主要工作如图 1-19 所示。

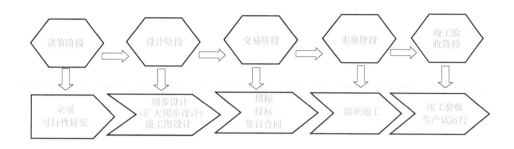

图 1-19　建筑智能化工程的建设程序

2. 建筑智能化工程施工组织设计的任务和作用

（1）施工组织设计的任务

针对弱电工程的施工任务，将人力、资金、材料、机械和施工方法进行合理安排，使之在一定的时间和空间内实现有组织、有计划、有秩序的施工，以期达到工期短、质量好、成本低的最优效果。

（2）施工组织设计的作用

指导工程投标与签订工程承包合同，作为投标书的内容和合同文件的一部分；指导施工前的一次性准备和工程施工全过程的工作；作为项目管理的规划性文件，提出工程施工中进度控制、质量控制、成本控制、安全控制、现场管理、各项生产要素管理的目标及技术措施，提高综合效益。

七、质量评价标准

本项目的质量考核要求及评分标准见表 1-4。

表 1-4　质量考核要求及评分标准（一）

考核项目	考核要求	配分	评分标准	扣分	得分	备注
施工图阅读	1）能正确阅读建筑智能化工程施工图 2）能正确描述系统的构成与原理	30	1）阅读方法错误扣 5 分 2）系统的结构和原理描述错误，每处扣 3 分			
设备和材料表的填写	1）能正确列出设备和材料的名称 2）能正确计算设备和材料的费用	40	1）设备或材料名称不正确或缺失，每处扣 4 分 2）设备或材料费用计算错误，每处扣 6 分			
工作名称及工程量表填写	1）能正确列出工程所需工作的名称 2）能正确计算工程量	30	1）工作名称错误，每处扣 3 分 2）工程量计算错误，每处扣 2 分			
总　　计						

八、项目总结与回顾

结合你的体会,你觉得建筑智能化工程管理需要具备的知识、能力和素质有哪些?

习　题

1. 填空题

建筑智能化工程的建设程序包括项目_____、_____、_____、_____和竣工验收五个阶段。

2. 判断题

1)施工组织设计不可以作为投标书的内容和合同文件的一部分。　　　　　　( )

2)平面图只表示设备和线路的平面位置,很少反映空间高度。　　　　　　　( )

3. 单选题

1)平面图常附有( ),以表达图中无法表示或不易表示,但又与施工有关的问题。

A. 设计或施工说明　　　　　　　　B. 系统图

C. 大样图　　　　　　　　　　　　D. 剖面图

2)建筑智能化工程施工图应按阅读建筑电气工程图的一般顺序进行阅读。首先应阅读( ),了解整个系统的基本组成及其相互关系,做到心中有数。

A. 平面图　　　　　　　　　　　　B. 系统图

C. 大样图　　　　　　　　　　　　D. 剖面图

4. 多选题

建筑智能化工程施工企业需要处理好与设计、土建、机电安装、( )等单位的协调工作。

A. 消防　　　　　　　　　　　　　B. 电梯

C. 安防　　　　　　　　　　　　　D. 停车场

5. 问答题

1)建筑智能化工程的主要特点是什么?

2)建筑智能化工程管理的重点是什么?

项目二　建筑智能化工程施工项目招标投标与合同管理

一、学习目标

1）了解招标投标的概念及各种招标方式。
2）了解合同管理的基本原理、合同的基本条款、工程索赔的基本概念。
3）熟悉招标投标的相关法规，熟悉合同订立、履行、变更、转让、终止的具体规定。
4）掌握招标投标的程序和招标投标文件的编写方法。
5）掌握索赔的程序和索赔报告单的编写方法。

二、项目导入

在市场经济环境下的商品交易中，买方往往希望能够从市场中选择最佳的合作伙伴，以期最大限度地节省资金，在最短时间内获得最符合自己要求的合格产品。然而，如何对市场上众多卖方及其提供的产品或服务进行有效的鉴别、筛选，成为买方的难题。招标投标制度正是在这一背景下产生和发展起来的，它通过既定的程序和方法，最大限度地促成卖方之间的良性有序竞争，帮助买方做出最有利于自身利益的决定。

三、学习任务

1. 项目任务

1）根据项目一中消防报警子系统的施工图及造价结果，为建设单位编写招标文件。
2）根据招标文件编写投标文件。
3）在中标后完成合同的签订。
4）在工期延误或施工质量出现问题后，编写索赔报告单。

2. 任务流程图

本项目的任务流程图如图 2-1 所示。

四、操作指导

1. 建筑智能化工程施工项目招标文件的编写

招标文件是招标人向投标人提供的具体项目招标投标工作的作业标准性文件。它阐明了招标工程的性质，规定了招标程序和规则，告知了订立合同的条件。招标文件既是投标人编制投标文件的依据，又是招标人组织招标、评标、定标的依据，也是招标人与中标人订立合同的基础。因此，招标文件在整个招标过程中起着至关重要的作用。招标人应十分重视编制

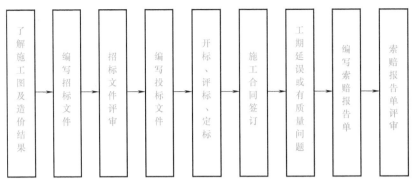

图 2-1　任务流程图（二）

招标文件的工作，并本着公平互利的原则，务使招标文件严密、周到、细致、内容正确。编制招标文件是一项十分重要而又非常烦琐的工作，应有有关专家参加。

施工招标文件有示范文本供参考使用，其中大部分通用条款都可以直接套用，部分特征性条款则需要修改和补充。修改和补充的要求为：

1）紧贴建筑智能化工程招标项目的特征。

2）符合现行的法律、法规规定。

3）合理、明确地表达招标目的、程序和方法。

4）直观、可操作性强。

5）各条款的规定具有唯一性、准确性、无歧义性。

招标文件一般由五大部分构成，即投标须知及投标须知前附表、合同条款及格式、工程建设标准、图纸及工程量清单、投标文件格式。又因各部分所含内容不同，按十个章节分别编写，各章名称如下：

第一章　投标须知及投标须知前附表

第二章　合同条款

第三章　合同文件格式

第四章　工程建设标准

第五章　图纸

第六章　工程量清单

第七章　投标文件投标函部分格式

第八章　投标文件商务部分格式

第九章　投标文件技术部分格式

第十章　资格审查申请书（资格后审时）

各地均有建设工程施工项目的《招标文件示范文本》，教师可根据当地的示范文本指导学生完成招标文件的撰写。

2. 建筑智能化工程施工项目投标文件的编写

建筑智能化工程施工项目的投标文件包括技术标和商务标。

技术标一般指施工组织设计或施工方案。编制技术标时应注意以下几点：

1）要有针对性。编制时，应根据招标文件的要求及项目的特点，提出相应的保证措施。在技术措施上，针对招标文件的要求，说明具体的子系统的施工方案以及选择施工方案的理由。

2）要有实用性。对施工总平面布置图，应力求与实际施工结合，若场地条件允许，应将职工生活区与施工管理区分开。平面布置图中，临时设施构筑、建筑机械安放、施工材料的堆置、临时管线安装及道路布置，均应考虑可行性，避免施工时引起平面立体交叉矛盾。进行施工网络进度计划编制时，关键线路应结合主要施工工序，按实际施工交叉、工序衔接来合理考虑各分部分项的逻辑关系。

3）进行技术标编制时，在保证响应招标文件的前提下，不应拘泥于固定的格式。尤其是在施工管理方面，可以结合本单位的先进管理模式，在技术标中增加叙述篇幅。例如在安全文明标化施工、推广应用四新技术、技术创新等方面做重点论述。

4）因投标文件的编制时间一般都比较短，业务部门为了提高工作效率，往往在计算机中套用已有标书的部分文档，这就给投标文件发生错误制造了机会，因为仓促之中，原标书的内容进入其中，未能及时修改而导致投标文件内容与招标文件要求不对应。如只有本地适用的标准、施工环境、地名及不同的施工工艺等，从而造成套用错误，使得标书得分降低，甚至废标。

5）对于重大工程投标，在技术标编制过程中，应增加图示和表格内容，可根据需要增加现场文明标化的设计方案。施工进度计划可按总控制、流水段、标准层、子系统等从粗到细绘制。涉及新工艺新技术的施工方案应附图说明。

6）由于有的技术标在招标文件中规定不得出现投标单位名称及单位特征，故在编制标书时应特别引起注意。

商务标一般包括报价书、预算书、标函综合说明及承诺书等。编制商务标时应注意以下几点：

1）提供的招标文件格式，应严格按要求填写，规定投标文件要求打印的就不得手写。未规定不允许更改的，更改处应加盖更改专用章。

2）需承诺的投标文件，承诺书应对招标文件中需承诺条款逐项对口承诺。

3）商务标还不能忽视信誉分。应按规定完整附上企业所获荣誉资料，以便在各投标单位于其他条件相当的情况下竞标，能借信誉分获取中标优势。

4）商务标中需盖企业及法人印鉴的地方较多，盖章时千万不可遗漏。报价书因封标前可能改动，最好带空白备份以便应急。

5）应招标文件规定封标，预先盖好章的封标袋应预留好标书厚度空间。投标文件封标前，应建立单独审核制度，以减少标书的失误。

总而言之，投标书的编制涉及面广、专业性强，只有通过在实践中不断地探索和创新，才能提高标书的质量，从而提高中标率。

3. 建筑智能化工程施工合同的签订

建筑智能化工程施工合同属于经济合同的范畴，它是指发包人与承包人或施工人为建筑智能化工程施工达成的协议。承包人或施工人完成项目的建造，发包人接受工程项目并支付报酬。建筑智能化工程施工合同的主要内容包括以下几项：

1）工程范围。

2）建设工期。

3）中间交工工程的开工和竣工时间。建筑智能化工程往往由许多中间工程组成，中间工程的完工时间影响着后续工程的开工，制约着整个工程的顺利完成，在施工合同中需对中间工程的开工和竣工时间做明确约定。

4）工程质量。

5）工程造价。工程造价因采用不同的定额计算方法，会产生巨大的价款差额。在以招标投标方式签订的合同中，应以中标时确定的金额为准；如按初步设计总概算投资包干，应以经审批的概算投资中与承包内容相应部分的投资（包括相应的不可预见费）为工程价款；如按施工图预算包干，则应以审查后的施工图总预算或综合预算为准。在建筑、安装合同中，能准确确定工程价款的，需予以明确规定。如在合同签订时尚不能准确计算出工程价款的，尤其是按施工图预算加现场签证和按时结算的工程，在合同中需明确规定工程价款的计算原则，具体约定执行的定额、计算标准，以及工程价款的审定方式等。

6）技术资料交付时间。工程的技术资料，如勘察、设计资料等，是进行建筑智能化工程施工的依据和基础，发包方必须将工程的有关技术资料全面、客观、及时地交付给施工人，才能保证工程的顺利进行。

7）材料和设备的供应责任。

8）拨款和结算。施工合同中，工程价款的结算方式和付款方式因采用不同的合同形式而有所不同。在建筑智能化工程施工合同中，采用何种方式进行结算，需双方根据具体情况进行协商，并在合同中明确约定。对于工程款的拨付，需根据付款内容由当事人双方确定，具体有预付款、工程进度款、竣工结算款、保修扣留金等。

9）竣工验收。对建设工程的验收方法、程序和标准，国家制定了相应的行政法规予以规范。

10）质量保修范围和质量保证期。施工工程在办理移交验收手续后，在规定的期限内，因施工、材料等原因造成的工程质量缺陷，要由施工单位负责维修、更换。国家对建筑工程的质量保证期限一般都有明确要求。

11）相互协作条款。施工合同与勘察、设计合同一样，不仅需要当事人各自积极履行义务，还需要当事人相互协作，协助对方履行义务，如在施工过程中及时提交相关技术资料、通报工程情况，在完工时及时检查验收等。

为规范建筑市场秩序，维护建设工程施工合同当事人的合法权益，我国住房和城乡建设部、国家工商行政管理总局制定了《建设工程施工合同（示范文本）》（GF—2017—0201）（简称《示范文本》）。教师可根据该《示范文本》指导学生完成合同的签订。

4. 建筑智能化工程施工合同的履行

建筑智能化工程施工合同履行的主体是项目经理和项目经理部。项目经理部必须在施工项目的施工准备、施工、竣工至维修期结束的全过程中，认真履行施工合同，实行动态管理，跟踪收集、整理、分析合同履行中的信息，合理、及时地进行调整；还应对合同履行进行预测，及早提出和解决影响合同履行的问题，以避免或减少风险。

（1）履行施工合同应遵守的规定

1）必须遵守《中华人民共和国合同法》（简称《合同法》）、《中华人民共和国建筑法》（简称《建筑法》）规定的各项合同履行原则和规则。

2）在行使权力、履行义务时应当遵循诚实信用原则和坚持全面履行的原则。全面履行包括实际履行（标的的履行）和适当履行（按照合同约定的品种、数量、质量、价款或报酬等的履行）。

3）项目经理由企业授权负责组织施工合同的履行，并依据《合同法》的规定，与业主或监理工程师打交道，进行合同的变更、索赔、转让和终止等工作。

4）当发生不可抗力致使合同不能履行或不能完全履行时，应及时向企业报告，并在委托权限内依法及时进行处置。

5）遵守合同对约定不明条款、价格发生变化的履行规则，以及合同履行担保规则和抗辩权、代位权、撤销权的规则。

6）承包人按专用条款的约定分包所承担的部分工程，并与分包单位签订分包合同。非经发包人同意，承包人不得将承包工程的任何部分分包。

7）承包人不得将其承包的全部工程倒手转给他人承包，也不得将全部工程肢解后以分包的名义分别转包给他人。

（2）履行施工合同应做的工作

1）应在施工合同履行前，针对工程的承包范围、质量标准和工期要求，承包人的义务和权力，工程款的结算、支付方式与条件，合同变更、不可抗力影响、物价上涨、工程中止、第三方损害等问题产生时的处理原则和责任承担，争议的解决方法等重要问题进行合同分析，对合同内容、风险、重点或关键性问题做出特别说明和提示，向各职能部门人员交底，落实根据施工合同确定的目标，依据施工合同指导工程实施和项目管理工作。

2）组织施工力量；签订分包合同；研究熟悉设计图及有关文件资料；多方筹集足够的流动资金；编制施工组织设计、进度计划和工程结算付款计划等，做好施工准备工作，按时进入现场，按期开工。

3）制订科学周密的材料、设备采购计划，采购符合质量标准、价格低廉的材料和设备，按照施工进度计划，及时进入现场，做好供应和管理工作，保证顺利施工。

4）按设计图、技术规范和规程组织施工；做好施工记录，按时报送各类报表；进行各种有关的现场或实验室抽检测试，保存好原始资料；制订各种有效措施，采取先进的管理方法，全面保证施工质量达到合同要求。

5）按期竣工，试运行，通过质量检验，交付业主，收回工程价款。

6）按合同规定，做好责任期内的维修、保修和质量回访工作。对属于承包方责任的工程质量问题，应负责无偿修理。

7）履行合同中关于接受监理工程师监督的规定，例如，有关计划、建议须经监理工程师审核批准后方可实施；有些工序须监理工程师监督执行，所做记录或报表要得到其签字确认；根据监理工程师要求报送各类报表、办理各类手续；执行监理工程师的指令，接受一定范围内的工程变更要求等。承包商在履行合同中还要自觉地接受公证机关、银行的监督。

8）在履行合同期间，应注意收集、记录对方当事人违约事实的证据，即对发包方或业主履行合同进行监督，作为索赔的依据。

5. 建筑智能化工程施工项目索赔报告的撰写

工程索赔是指在合同履行过程中，对于并非自己造成的过错，而应由对方承担责任的情况造成的实际损失向对方提出经济补偿和（或）时间补偿的要求。索赔是工程承包中经常发生的正常现象，由于施工现场条件、气候条件的变化，施工进度、物价的变化，以及合同条款、规范、标准文件和施工图的变更、差异、延误等因素的影响，使得工程承包中不可避免地出现索赔。

（1）提出索赔的依据

1）招标文件、施工合同文本及附件、补充协议、施工现场的各类签认记录，经认可的施工进度计划书、工程图纸及技术规范等。

2）双方往来的信件及各种会议会谈纪要。

3）施工进度计划和实际施工进度记录、施工现场的有关文件（包括施工记录、备忘录、施工月报和施工日志等）及工程照片。

4）气象资料，工程检查验收报告和各种技术鉴定报告，工程中送停电、送停水、道路开通和封闭的记录和证明。

5）国家有关法律法规及政策性文件。

6）发包人或者工程师签认的签证。

7）工程核算资料、财务报告、财务凭证等。

8）各种验收报告和技术鉴定。

9）与工程有关的图片和录像。

10）备忘录，对工程师或业主的口头指示和电话应随时书面记录，并请其给予书面确认。

11）投标前发包人提供的现场资料和参考资料。

12）其他，如官方发布的物价指数、汇率和规定等。

（2）建筑智能化工程索赔的程序

1）索赔事件发生后14d内，向监理工程师发出索赔意向通知，见表2-1。

表 2-1 索赔意向通知

（承包 [   ] 赔通   号）

合同名称：   合同编号：

致：

    由于＿＿＿＿＿＿＿＿＿＿原因，根据施工合同的约定，我方拟提出索赔申请，请贵方审核。

    附件：索赔意向书（包括索赔事件、索赔依据等）。

承包人：

项目经理：

日   期：   年 月 日

监理机构将另行签发批复意见。

监理机构：

签收人：

日   期：   年 月 日

注：本表一式三份，由承包人填写。监理机构审签后，随同批复意见，承包人、监理机构、发包人各执一份。

2）发出索赔意向通知后的 14d 内，向监理工程师提交补偿经济损失和（或）延长工期的索赔报告及有关资料，见表 2-2。

表 2-2 索赔申请报告

（承包 [   ] 赔报   号）

合同名称：　　　　　　　　　　　合同编号：

致：

　　根据有关规定和施工合同约定,我方对＿＿＿＿＿＿＿＿事件申请赔偿金额为(大写)＿＿＿＿＿＿＿＿＿

（小写＿＿＿＿）,请贵方审核。

　　附件:索赔申请报告。主要内容包括:

　　1)事因简述。

　　2)引用合同条款及其他依据。

　　3)索赔计算。

　　4)索赔事实发生的当时记录。

　　5)索赔支持文件。

承 包 人：

项目经理：

日　　期：　年 月 日

监理机构将另行签发审核意见。

监理机构：

签 收 人：

日　　期：　年 月 日

注：本表一式三份,由承包人填写,监理机构审签后,随回审核意见,承包人、监理机构、发包人各执一份。

3）监理工程师在收到承包人送交的索赔报告及有关资料后，于 14d 内给予答复。

4）监理工程师在收到承包人送交的索赔报告及有关资料后，14d 内未予答复或未对承包人做进一步要求，视为该项索赔已经认可。

5）当该索赔事件持续进行时，承包人应当阶段性向监理工程师发出索赔意向通知。在索赔事件终了后 28d 内，向监理工程师提供索赔的有关资料和最终索赔报告。

五、问题探究

1. 建筑智能化工程招标应具备的条件

建筑智能化工程招标应具备的条件为：

1）建筑智能化工程立项文件已被批准。

2）建筑智能化工程项目建设资金已落实到位。

3）招标文件已经编写完毕。

4）先招信息系统工程监理，后招工程建设承包人。

最后一条规定了监理招标应先于工程承包招标，即先选择监理单位，后选择工程承包人，而且要让工程监理单位直接参与工程承包招标工作。这样有利于提高监理服务质量，有利于选择合适的施工承包人，有益于监理与承包人之间的工作协调。

2. 建筑智能化工程的招标方式与方法

（1）招标方式

按竞争开放程度，招标分为公开招标和邀请招标两种方式。

1）公开招标。公开招标属于非限制性竞争招标，这是一种充分体现招标信息公开性、招标程序规范性、投标竞争公平性，大大降低串标、抬标和其他不正当交易的可能性，最符合招标投标优胜劣汰和"三公"原则的招标方式，也是常用的招标方式。

2）邀请招标。邀请招标属于有限竞争性招标，又称选择性招标。邀请招标适用于因涉及国家安全、国家秘密，商业机密，施工工期或货物供应周期紧迫，受自然地域环境限制只有少量几家潜在投标人可供选择等条件限制而无法公开招标的项目；或者受项目技术复杂程序和特殊要求限制，且事先已经明确知道只有少数特定的潜在投标人可以响应投标的项目；或者招标项目较小，采用公开招标方式的招标费用占招标项目价值比例过大的项目。

（2）招标方法

1）两阶段招标。两阶段招标适用于一些技术设计方案或技术要求不确定，或一些技术标准、规格要求难以描述确定的招标项目。第一阶段招标，从投标方案中优选技术设计方案，统一技术标准、规格和要求；第二阶段按照统一确定的设计方案或技术标准，组织项目最终招标和投标报价。

2）框架协议招标。框架协议招标适用于重复使用规格、型号、技术标准与要求相同的货物或服务，特别适用于一个招标人下属多个实施主体采用集中统一招标的项目。招标人通过招标对货物或服务形成统一采购框架协议，一般只约定采购单价，而不约定标的数量和总价，各采购实施主体按照采购框架协议分别与中标人分批签订和履行采购合同协议。

3）电子招标。电子招标与纸质招标相比，将极大提高招标投标效率，符合节能减排要求，降低招标投标费用，有效贯彻"三公"原则，有利于突破传统的招标投标组织实施和管理模式，促进招标投标监督方式的改革完善，规范招标投标秩序，预防和治理腐败交易现象。特别对于一些技术规格简单、标准统一、容易分类鉴别评价，或需要广泛征求投标竞争者的招标项目，电子招标的效率优势更加明显。

3. 建筑智能化工程施工项目招标投标程序

建筑智能化工程施工项目招标投标程序如图2-2所示。

4. 建筑智能化工程施工项目合同履行中的问题及处理

建筑智能化工程施工项目合同履行过程中经常遇到不可抗力问题，以及施工合同的变更、违约、索赔、争议、终止与评价等问题。

（1）发生不可抗力

不可抗力是指合同当事人不能预见、不能避免并不能克服的客观情况。建设工程施工中的不可抗力包括因战争、动乱、空中飞行物坠落或其他非发包方责任造成的爆炸、火灾，以及专用条款中约定程度的风、雨、雪、洪水、地震等自然灾害。

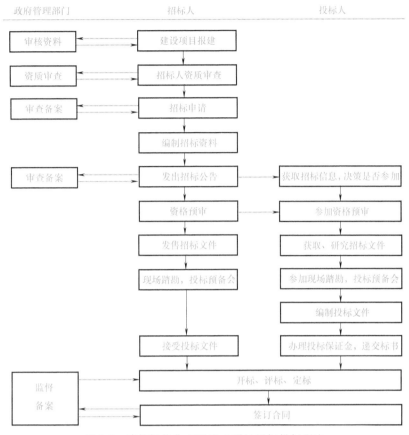

图 2-2 　建筑智能化工程施工项目招标投标程序

在订立合同时，应明确不可抗力的范围及双方应承担的责任。在合同履行过程中加强管理和防范措施。当事人一方因不可抗力不能履行合同时，有义务及时通知对方，以减轻可能给对方造成的损失，并应当在合理期限内提供证明。

不可抗力发生后，承包人应在力所能及的条件下迅速采取措施，尽量减少损失，并在不可抗力事件发生过程中，每隔 7d 向工程师报告一次受害情况；不可抗力事件结束后 48h 内向工程师通报受害情况和损失情况，以及预计清理和修复的费用；14d 内向工程师提交清理和修复费用的正式报告。

因不可抗力事件导致的费用及延误的工期由合同双方承担责任：

1）工程本身的损害、因工程损害导致第三方人员伤亡和财产损失以及运至施工现场用于施工的材料和待安装的设备的损害，由发包人承担。

2）发包方及承包方人员伤亡由其所在单位负责，并承担相应费用。

3）承包人机械设备损坏及停工损失，由承包人承担。

4）停工期间，承包人应工程师要求留在施工场地的必要的管理人员及保卫人员的费用由发包人承担。

5）工程所需清理、修复费用，由发包人承担。

6）延误的工期相应顺延。

因合同一方迟延履行合同后发生不可抗力的，不能免除迟延履行方的相应责任。

（2）合同变更

合同变更是指依法对原来合同进行的修改和补充，即在履行合同项目的过程中，由于实施条件或相关因素的变化，而不得不对原合同的某些条款做出修改、订正、删除或补充。合同变更一经成立，原合同中的相应条款就应解除。合同变更是在条件改变时，对双方利益和义务的调整，适当及时的合同变更可以弥补原合同条款的不足。

合同变更一般由工程师提出变更指令，它不同于《示范文本》的"工程变更"或"工程设计变更"。后者由发包人提出并报规划管理部门和其他有关部门重新审查批准。

1）合同变更的理由。工程量增减，资料及特性的变更，工程标高、基线、尺寸等的变更，工程的删减，永久工程的附加工作，设备、材料和服务的变更等，都可以成为合同变更的理由。

2）合同变更的原则。合同双方都必须遵守合同变更程序，依法进行，任何一方都不得单方面擅自更改合同条款。

合同变更要经过有关专家（监理工程师、设计工程师、现场工程师等）的科学论证和合同双方的协商。在合同变更具有合理性、可行性，而且由此引起的进度和费用变化得到确认和落实的情况下方可实行。

合同变更的次数应尽量减少，变更的时间亦应尽量提前，并在事件发生后的一定时限内提出，以避免或减少给工程项目建设带来的影响和损失。

合同变更应以监理工程师、业主和承包人共同签署的合同变更书面指令为准，并以此作为结算工程价款的凭据。在紧急情况下，监理工程师的口头通知也可接受，但必须在48h内，追补合同变更书。承包人对合同变更若有不同意见可在7~10d内书面提出，但业主决定继续执行的指令，承包人应继续执行。

合同变更所造成的损失，除依法可以免除的责任外，如由于设计错误，设计所依据的条件与实际不符，图纸与说明不一致，施工图有遗漏或错误等，应由责任方负责赔偿。

3）合同变更的程序。合同变更的程序应符合合同文件的有关规定，其示意图如图2-3所示。

（3）合同解除

合同解除是在合同依法成立之后的合同规定的有效期内，合同当事人的一方有充足的理由，提出终止合同的要求，并同时出具包括终止合同理由和具体内容的申请，合同双方经过协商，就提前终止合同达成书面协议，宣布解除双方由合同确定的经济承包关系。

合同解除的理由主要有：

1）施工合同当事双方协商，一致同意解除合同关系。

2）因为不可抗力或者非合同当事人的原因，造成工程停建或缓建，致使合同无法履行。

3）由于当事人一方违约致使合同无法履行。违约的主要表现有：

① 发包人不按合同约定支付工程款（进度款），双方又未达成延期付款协议，导致施工无法进行，承包人停止施工超过56d，发包人仍不支付工程款（进度款），承包人有权解除合同。

② 承包人发生将其承包的全部工程或将其肢解以后以分包的名义分别转包给他人，或将工程的主要部分或群体工程的半数以上的单位工程倒手转包给其他施工单位等转包行为

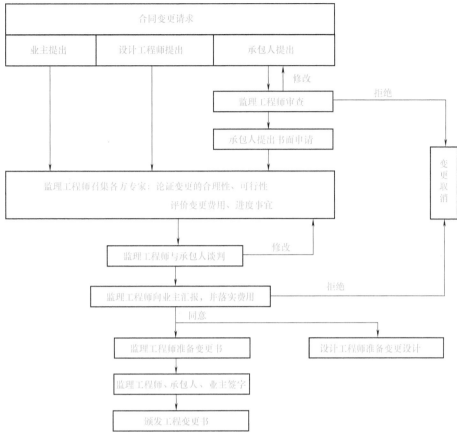

图 2-3 合同变更程序示意图

时，发包人有权解除合同。

③ 合同当事人一方的其他违约行为致使合同无法履行，合同双方可以解除合同。

当合同当事人一方主张解除合同时，应向对方发出解除合同的书面通知，并在发出通知前 7d 告知对方。通知到达对方时合同解除。对解除合同有异议时，按照解决合同争议程序处理。

合同解除后的善后处理如下：

1）合同解除后，当事人双方约定的结算和清理条款仍然有效。

2）承包人应当按照发包人要求妥善做好已完工程和已购材料、设备的保护和移交工作，按照发包人要求将自有机械设备和人员撤出施工现场。发包人应为承包人撤出提供必要条件，支付以上所发生的费用，并按合同约定支付已完工程款。

3）已订货的材料、设备由订货方负责退货或解除订货合同，不能退还的货款和退货、解除订货合同发生的费用，由发包人承担。

（4）违背合同

违背合同又称违约，是指当事人在执行合同的过程中，没有履行合同所规定的义务的行为。项目经理在违约责任的管理方面，首先要管好己方的履约行为，避免承担违约责任。如果发包人违约，应当督促发包人按照约定履行合同，并与之协商违约责任的承担。特别应当注意收集和整理对方违约的证据，在必要时以此作为依据、证据来维护自己的合法权益。

1）违约行为和责任。在履行施工合同过程中，主要的违约行为和责任包括：

① 发包人违约：

a. 发包人不按合同约定支付各项价款或工程师不能及时给出必要的指令、确认等，致使合同无法履行，发包人承担违约责任，赔偿因其违约给承包人造成的直接损失，延误的工期相应顺延。

b. 未按合同规定的时间和要求提供材料、场地、设备、资金、技术资料等，除竣工日期得以顺延外，还应赔偿承包方因此而发生的实际损失。

c. 工程中途停建、缓建或由于设计变更或设计错误造成的返工，应采取措施弥补或减少损失。同时应赔偿承包方因此造成的停工、窝工、返工和倒运，人员、机械设备调迁，材料和构件积压等的实际损失。

d. 工程未经竣工验收，发包单位提前使用或擅自动用，由此发生的质量问题或其他问题，由发包方自己负责。

e. 超过承包合同规定的日期验收，按合同的违约责任条款的规定，应偿付逾期违约金。

② 承包人违约：

a. 承包工程质量不符合合同规定，负责无偿修理和返工。由于修理和返工造成逾期交付的，应偿付逾期违约金。

b. 承包工程的交工时间不符合合同规定的期限，应按合同中违约责任条款，偿付逾期违约金。

c. 由于承包方的责任，造成发包方提供的材料、设备等丢失或损坏，应承担赔偿责任。

2）违约责任处理原则。承担违约责任应按"严格责任原则"处理，无论合同当事人主观上是否有过错，只要合同当事人有违约事实，特别是有违约行为并造成损失的，就要承担违约责任。

在订立合同时，双方应当在专用条款内约定发（承）包人赔偿承（发）包人损失的计算方法或者发（承）包人应当支付违约金的数额和计算方法。

当事人一方违约后，另一方可按双方约定的担保条款，要求提供担保的第三方承担相应责任。

当事人一方违约后，另一方要求违约方继续履行合同时，违约方承担继续履行合同、采取补救措施或者赔偿损失等责任。

当事人一方违约后，对方应当采取适当措施防止损失的扩大，否则不得就扩大的损失要求赔偿。

当事人一方因不可抗力不能履行合同时，应对不可抗力的影响部分（或者全部）免除责任，但法律另有规定的除外。当事人延迟履行后发生不可抗力的，不能免除责任。

（5）合同争议的解决

合同争议是指当事人双方对合同订立和履行情况以及不履行合同的后果所产生的纠纷。合同当事人在履行施工合同时，解决所发生争议、纠纷的方式有和解、调解、仲裁和诉讼等。

1）合同争议的解决方式。

① 和解。和解是指争议的合同当事人依据有关法律规定或合同约定，以合法、自愿、平等为原则，在互谅互让的基础上，经过谈判和磋商，自愿对争议事项达成协议，从而解决

分歧和矛盾的一种方法。和解方式无须第三者介入，简便易行，能及时解决争议，避免当事人经济损失扩大，有利于双方的协作和合同的继续履行。

②调解。调解是指争议的合同当事人在第三方的主持下，通过其劝说引导，以合法、自愿、平等为原则，在分清是非的基础上，自愿达成协议，以解决合同争议的一种方法。调解有民间调解、仲裁机构调解和法庭调解三种形式。调解协议书对当事人具有与合同一样的法律约束力。运用调解方式解决争议，双方不伤和气，有利于今后继续履行合同。

③仲裁。仲裁又称公断，是指双方当事人通过协议自愿将争议提交第三者（仲裁机构）做出裁决，并负有履行裁决义务的一种解决争议的方式。仲裁包括国内仲裁和国际仲裁。仲裁须经双方同意并约定具体的仲裁委员会。仲裁可以不公开审理从而保守当事人的商业秘密，节省费用，一般不会影响双方日后的正常交往。

④诉讼。诉讼是指合同当事人相互间发生争议后，只要不存在有效的仲裁协议，任何一方向有管辖权的法院起诉并在其主持下，为维护自己的合法权益的活动。通过诉讼，当事人的权力可得到法律的严格保护。

当承包人与业主（或分包人）在合同履行的过程中发生争议和纠纷时，应根据平等协商的原则先行和解，尽量取得一致意见。若双方和解不成，则可要求有关主管部门调解。双方属于同一部门或行业的，可由行业或部门的主管单位负责调解；不属于上述情况的，可由工程所在地的建设主管部门负责调解。若调解无效，根据当事人的申请，在受到侵害之日起一年之内，可送交工程所在地工商行政管理部门的经济合同仲裁委员会进行仲裁，超过一年期限者，一般不予受理。它是指解决经济合同的一项行政措施，是维护合同法律效力的必要手段。它是指依据法律、法令及有关政策，处理合同纠纷，责令责任方赔偿，直至追究有关单位或人员的行政责任或法律责任。处理合同纠纷也可不经仲裁，而直接向人民法院起诉。

一旦合同争议进入仲裁或诉讼，项目经理应及时向企业领导汇报和请示。因为仲裁和诉讼必须以企业（具有法人资格）的名义进行，由企业做出决策。

在一般情况下，发生争议后，双方都应继续履行合同，保持施工连续，保护好已完工程。

2）只有发生下列情况时，当事人方可停止履行施工合同：

①单方违约导致合同确已无法履行，双方协议停止施工。

②调解要求停止施工，且为双方接受。

③仲裁机关要求停止施工。

④法院要求停止施工。

（6）合同履行的评价

合同终止后，承包人应对从投标开始直至合同终止的整个过程或达到规定目标的适宜性、充分性、有效性进行合同管理评价，其评价内容有：

1）合同订立过程情况评价。

2）合同条款的评价。

3）合同履行情况评价。

4）合同管理工作评价。

5. 建筑智能化工程的索赔与反索赔

建筑智能化工程一般剥离于建筑物（或构筑物）主体的施工，属于专业分包，在施工过程中往往与其他施工企业同时作业，交叉施工。因此，建筑智能化工程施工与其他工程施工有直接而密切的关系，既相互影响，又相互配合。鉴于不同企业同时作业可能产生的各种复杂状况，无论作为承包人还是业主，都应对合同执行过程中可能出现的风险点有清晰认识，做好索赔与反索赔管理工作。

（1）建筑智能化工程的索赔

承包人在和业主签订合同时，应明确进场和正常施工所必备的条件。在施工过程中，若因非自身原因导致施工进度受阻、窝工、增加工程量等情况，应第一时间与业主代表取得联系，做好索赔的各项准备工作，尤其是基础资料的搜集与存档，以维护企业的合法权益。

（2）建筑智能化工程的反索赔

业主对承包人的反索赔应从以下两方面开展：

1）合同订立阶段。在此阶段应明确各项材料设备的型号、规格、参数和质量要求等。此外，需针对交叉作业的不同企业做出明确的要求，使其相互之间按对方的施工要求做好规划，以保证为对方提供便利的施工条件和环境，以此消灭可能出现的风险点，降低索赔可能性。

2）合同执行阶段。应注意承包人是否提供了符合其承诺的设备和服务；施工过程中有无对其他在建或已建好的项目构成不利影响等。

应当注意的是，无论是索赔还是反索赔，都不应当是以索赔为目的而进行的。索赔与反索赔只是业主和承包人维护其合法合理权益的一种手段，而不应作为一种获取利益的工具。

六、知识拓展与链接

1. 建筑智能化工程招标投标过程中对招标投标人的要求

（1）对招标人的要求

在整个招标过程中，为保证"三公"原则，促进竞争，对招标人的行为做出了如下规定：

1）招标人不得以不合理的条件限制或排斥投标人，不得对潜在投标人实行歧视待遇。

2）招标文件不得要求或者注明特定的生产供应者以及含倾向性或者排斥潜在投标人的其他内容。

3）招标人不得向他人透露获取招标文件的潜在投标人的名称、数量以及可能影响公平竞争的有关招标投标的其他情况。

4）招标人不得向中标人提出压低报价、增加工作量、缩短工期或其他违背中标人意愿的要求，以此作为发出中标通知书和签订合同的条件。

（2）对投标人的要求

1）投标人不得相互串通投标或者与招标人串通投标，也不得向招标人或评标委员会成员行贿谋取中标。

2）投标人不得以他人名义投标或者以其他方式弄虚作假，骗取中标。

3）中标人不得将中标项目转给他人，分包人不得再次分包。

2. 合同公证与合同鉴证

（1）合同公证

合同公证是指国家公证机关根据当事人双方的申请，依法对合同的真实性与合法性进行审查并予以确认的一种法律制度。国家公证机关依照公民、法人的申请，对其法律行为或具有法律意义的文书、事实进行审查并证明其真实性与合法性。我国的公证机关为公证处，经省、自治区、直辖市司法行政机关批准设立。

合同公证一般实行自愿公证原则。公证机关进行公证的依据是当事人的申请，这是自愿原则的主要体现。

在建设工程领域，除了证明合同本身的真实性与合法性外，在合同的履行过程中有时也需要进行公证。如承包人已经进场，但在开工前发包人违约而导致合同解除，承包人撤场前如果双方无法对赔偿达成一致，则可以对承包人已经进场的材料设备数量进行公证，即进行证据保全，为以后纠纷解决留下证据。

合同公证的程序如下：

1）当事人申请公证。

2）公证员应当对合同进行全面审查，既要审查合同的真实性与合法性，也要审查当事人的身份和行使权利、履行义务的能力。

3）公证员对申请公证的合同，经过审查认为符合公证原则后，应当制作公证书发给当事人。

对于追偿债款、物品的债权文书，经公证处公证后，该文书具有强制执行的效力。一方当事人不按文书规定履行时，对方当事人可以向有管辖权的基层人民法院申请执行。

（2）合同鉴证

合同鉴证是指合同管理机关根据当事人双方的申请，对其所签订的合同进行审查，证明其真实性与合法性，并督促当事人双方认真履行的法律制度。我国的合同鉴证实行的是自愿原则，合同鉴证根据双方当事人的申请办理。

1）合同鉴证应当审查以下主要内容：

① 不真实、不合法的合同。

② 有足以影响合同效力的缺陷且当事人拒绝更正的。

③ 当事人提供的申请材料不齐全，经告知补正而没有补正的。

④ 不能即时鉴证，而当事人又不能等待的。

⑤ 其他依法不能鉴证的。

2）合同鉴证有以下三个作用：

① 经过鉴证审查，可以使合同的内容符合国家的法律、行政法规的规定，有利于纠正违法合同。

② 经过鉴证审查，可以使合同的内容更加完备，预防和减少合同纠纷。

③ 经过鉴证审查，便于合同管理机关了解情况，督促当事人认真履行合同，提高履约率。

（3）合同公证与合同鉴证的相同点与不同点

1）合同公证与合同鉴证的相同点有以下几方面：

① 都实行自愿申请原则。

② 与合同公证合同鉴证的内容和范围相同。

③ 与合同公证合同鉴证的目的都是为了证明合同的真实性与合法性。

2）合同公证与合同鉴证的不同点有以下几方面：

① 合同公证与合同鉴证的性质不同。合同鉴证是工商行政管理机关依据《合同鉴证办法》行使的行政管理行为；而合同公证则是司法行政管理机关领导下的公证机关依据《中华人民共和国公证暂行条例》行使公证权所做出的司法行政行为。

② 合同公证与合同鉴证的效力不同。经过公证的合同，其法律效力高于经过鉴证的合同。经过公证的法律行为、法律文书和事实，人民法院作为认定事实的依据，但有相反证据足以推翻公证证明的除外。对于追偿债款、物品的债权文书，经过公证后，该文书还有强制执行的效力，而经过鉴证的合同则没有这样的效力，在诉讼中仍需要对合同进行质证，人民法院应当辨别真伪，审查确定其效力。

3. 施工索赔的主要类型

施工索赔是指承包人由于非自身原因，在发生合同规定之外的额外工作或损失时，向业主提出费用或时间补偿要求的活动。其主要类型见表 2-3。

表 2-3　施工索赔的主要类型

分类标准	索赔类型	说　　明
按索赔的目的分类	工期延长索赔	由于非承包人方面原因造成工程延期时，承包人向业主提出的推迟竣工日期的索赔
	费用损失索赔	承包人向业主提出的，要求补偿因索赔事件发生而引起的额外开支和费用损失的索赔
按索赔的原因分类	延期索赔	由于业主原因不能按原定计划的时间进行施工所引起的索赔 主要有：发包人未按照约定的时间和要求提供材料设备、场地、资金、技术资料，或由于设计图错误和遗漏等原因引起停工、窝工
	工程变更索赔	由于对合同中规定施工工作范围的变化而引起的索赔 主要是由于发包人或监理工程师提出的工程变更，由承包人提出但经发包人或监理工程师同意的工程变更；设计变更或设计错误、遗漏而导致工程变更、工作范围改变
	施工加速索赔（又称赶工索赔、劳动生产率损失索赔）	如果业主要求比合同规定工期提前，或因前段的工程拖期，要求后一阶段弥补已经损失工期，使整个工程按期完工，需加快施工速度而引起的索赔 一般是延期或工程变更索赔的结果 施工加速应考虑加班工资、提供额外监管人员、雇佣额外劳动力、采用额外设备、改变施工方法造成现场拥挤、疲劳作业等使劳动生产率降低
	不利现场条件索赔	因合同的图纸和技术规范中所描述的条件与实际情况有实质性不同，或合同中未做描述，但发生的情况是一个有经验的承包人无法预料的情况时所引起的索赔 如复杂的现场水文地质条件或隐藏的不可知的地面条件等
按索赔的合同依据分类	合同内索赔	索赔依据可在合同条款中找到明文规定的索赔 这类索赔争议少，监理工程师即可全权处理
	合同外索赔	索赔权利在合同条款内很难找到直接依据，但可来自普通法律，承包人须有丰富的索赔经验方能实现 索赔表现多为违约或违反担保造成的损害 此项索赔由业主决定是否索赔，监理工程师无权决定
	道义索赔（又称额外支付）	承包人对标价估计不足，虽然圆满完成了合同规定的施工任务，但期间由于克服了巨大困难而蒙受了重大损失，为此向业主寻求优惠性质的额外付款 这是以道义为基础的索赔，既无合同依据，又无法律依据 这类索赔监理工程师无权决定，只是在业主通情达理，出于同情时才会超越合同条款给予承包人一定的经济补偿

（续）

分类标准	索赔类型	说　明
按索赔处理方式分类	单项索赔	在一项索赔事件发生时或发生后的有效期间内,立即进行的索赔 索赔原因单一、责任单一、处理容易
	总索赔（又称一揽子索赔）	承包人在竣工之前,就施工中未解决的单项索赔,综合起来提出的总索赔 总索赔中的各单项索赔常常是因为情况较复杂而遗留下来的,加之各单项索赔事件相互影响,使总索赔处理难度大,金额也大

七、质量评价标准

本项目的质量考核要求及评分标准见表 2-4。

表 2-4　质量考核要求及评分标准（二）

考核项目	考核要求	配分	评分标准	扣分	得分	备注
招标文件的撰写	1）商务条款与资格条件完整 2）技术参数明确 3）时间、地点、环节清楚 4）能反映招标人的具体要求	30	1）缺一条扣 2 分 2）错误一项扣 2 分 3）每错一项扣 2 分 4）每错一处扣 2 分			
投标文件的撰写	1）资格条件符合招标文件要求 2）产品品牌、规格型号齐全,技术参数符合要求 3）对相关商务条款进行全面响应 4）报价符合招标文件要求	30	1）资格条件不符合要求,每处扣 5 分 2）投标的产品不符合要求,每处扣 3 分 3）商务条款没有响应,每处扣 2 分 4）报价不符合招标文件要求,扣 5 分			
合同文件的签订	1）施工内容表达清楚 2）双方的权利、义务表达清楚 3）工程质量、价格、付款方式、工期、保修期等表达清楚	20	1）施工内容表达不清楚,每处扣 2 分 2）双方的权利、义务表达不清楚,每处扣 2 分 3）内容不全面,每处扣 2 分			
索赔申请报告的撰写	1）索赔意向通知和索赔申请报告填写格式正确 2）索赔申请报告的内容全面 3）申请理由充分	20	1）格式不正确,每处扣 2 分 2）内容不全面,每处扣 2 分 3）理由不充分,每处扣 2 分			
总计						

八、项目总结与回顾

结合你的体会,你认为建筑智能化工程招标投标文件撰写中应该注意哪些问题?合同签订时应注意哪些问题?如果需要索赔时应如何处理?

习　题

1. 填空题

1）建筑智能化工程的招标方式按竞争开放程度，分为＿＿＿＿和＿＿＿＿两种方式。

2）在合同履行过程中，解决所发生争议、纠纷的方式有＿＿＿＿、＿＿＿＿、＿＿＿＿和＿＿＿＿等。

2. 判断题

1）建筑智能化工程招标时，先招工程建设承包人，后招信息系统工程监理。（　　　）

2）两阶段招标适用于一些技术设计方案或技术要求不确定，或一些技术标准、规格要求难以描述确定的招标项目。（　　　）

3）招标人不得以不合理的条件限制或排斥投标人，不得对潜在投标人实行歧视待遇。（　　　）

4）与合同公证合同鉴证的内容和范围不同。（　　　）

3. 单选题

1）在第三方的主持下，通过其劝说引导，以合法、自愿、平等为原则，在分清是非的基础上，自愿达成协议，以解决合同争议的方法是（　　　）。

A. 和解　　　　　　B. 调解　　　　　　C. 仲裁　　　　　　D. 诉讼

2）合同公证与合同鉴证的不同点是（　　　）。

A. 目的　　　　　　B. 内容　　　　　　C. 范围　　　　　　D. 性质

4. 问答题

1）建筑智能化工程招标应具备的条件有哪些？

2）对建筑智能化工程招标人和投标人的要求有哪些？

3）在招标投标过程中，管理机构、招标人和投标人要完成的工作有哪些？

4）建筑智能化工程施工项目合同签订时应注意哪些问题？

5）建筑智能化工程施工项目合同履行时应注意哪些问题？

6）合同公证与合同鉴证有哪些相同点与不同点？

7）工程索赔有哪些类型？索赔的程序是怎样的？

项目三　建筑智能化工程施工部署与施工准备

一、学习目标

1）了解施工部署的相关内容与要求。
2）掌握施工准备的具体内容与要求。
3）掌握开工报告的撰写方法。

二、项目导入

建筑智能化工程的施工部署是对整个施工项目的全局做出的统筹规划和全面安排，主要解决影响项目全局的重大战略问题。施工部署由于建设项目的性质、规模和客观条件不同，其内容和侧重点也会有所不同。一般应包括以下内容：确定工程开展程序，拟定主要工程项目的施工方案，明确施工任务划分与组织安排，编制施工准备工作计划等。

施工准备是施工管理的一个重要组成部分，是组织施工的前提，是顺利完成建筑工程任务的关键。它不仅在开工前要做，开工后也要做，并且有组织、有计划、有步骤、分阶段地贯穿于整个工程建设的始终。认真细致地做好施工准备工作，对充分发挥各方面的积极因素、合理利用资源、加快施工速度、提高工程质量、确保施工安全、降低工程成本及获得较好经济效益都起着重要作用。

三、学习任务

1. 项目任务

本项目的任务是为上一个签署施工合同的建筑智能化工程完成施工部署与施工准备，并撰写开工报告，在得到批准后，项目开工。具体任务如下：

1）撰写该工程的施工部署方案。
2）撰写该工程的施工准备工作计划。
3）填写开工报告（表 3-1）和开工/复工报审表（表 3-2）。

表 3-1　开工报告

工程名称		建设单位		设计单位		施工单位	
工程地点		结构类型		建筑面积		层次	
工程批准文号		施工准备工作情况		施工许可证办理情况			
预算造价				施工图纸会审情况			
计划开工日期	年　月　日			主要物资准备情况			
计划竣工日期	年　月　日			施工组织设计编审情况			

（续）

工程名称		建设单位		设计单位		施工单位	
工程地点		结构类型		建筑面积		层次	
实际开工日期	年 月 日	施工准备 工作情况		七通一平情况			
合同工期				工程预算编审情况			
合同编号				施工队伍进场情况			

审核意见	建设单位		监理单位		设计单位		施工单位	
	负责人 （公章） 年 月 日		负责人 （公章） 年 月 日		负责人 （公章） 年 月 日		负责人 （公章） 年 月 日	

表 3-2 开工/复工报审表

工程名称：　　　　　　　　　　　　　　　　　　　　　　　　　　　编号：

致：　　　　　　　　　　　　　　　　　　　　　　　　　　　　　　　　（监理单位）

　　我方承担的＿＿＿＿＿＿＿＿＿＿＿工程，已完成了以下各项工作，具备了开工/复工条件，特此申请施工，请核查并签发开工/复工令。

　　附：1）开工报告
　　　　2）（证明文件）

承包单位（章）＿＿＿＿＿＿＿
项目经理＿＿＿＿＿＿＿＿＿＿
日　期

审查意见：

项目监理机构＿＿＿＿＿＿＿＿＿
总监理工程师＿＿＿＿＿＿＿＿＿
日　期

2. 任务流程图

本项目的任务流程图如图 3-1 所示。

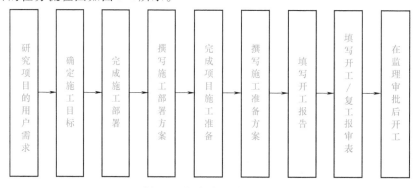

图 3-1 任务流程图（三）

四、操作指导

1. 施工部署方案的撰写

施工部署是根据施工项目的具体情况，并结合施工单位的具体情况，为满足合同的要求而对整个施工项目的实施进行的总体性和战略性安排。施工部署方案的撰写主要考虑以下问题：

1) 认真分析工程项目的具体情况（包括工期、质量要求、工程量和技术难度等因素）与施工企业的具体情况（公司的资金状况、人员状况、技术水平和发展战略等因素），确定施工项目的管理目标。

2) 在目标确定之后，进行施工项目的组织部署，包括确定项目部人员的组织机构、确定各岗位的职责、选聘项目经理和现场技术管理人员等。

3) 进行施工项目的管理部署，确定项目的管理制度。

4) 进行施工项目的生产部署，确定工程开展程序、拟定各子系统的施工方案。

2. 施工准备工作计划的撰写

施工准备是为拟建工程的施工建立必要的技术和物资条件，统筹安排施工力量和施工现场。施工准备工作计划的撰写主要从以下几个方面考虑：

1) 认识审阅和分析施工图，完成工程的技术准备。

2) 根据施工的总体部署，完成设备、材料和工具等物质准备。

3) 根据施工开展程序、各阶段的施工任务及工作量的大小，完成劳动力的准备。

4) 根据工程特点及现场情况，完成工程的现场准备。

五、问题探究

1. 建筑智能化工程的管理目标

由于施工方是受业主方的委托承担工程建设任务，因此施工方必须树立服务观念，为业主提供建设服务。另外，合同也规定了施工方的任务和义务。因此，施工方作为项目建设的一个重要参与方，其项目管理不仅应服务于施工方本身的利益，还必须服务于项目的整体利益。项目的整体利益和施工方本身的利益是对立统一的关系，两者有其统一的一面，也有其矛盾的一面。施工方项目管理的目标应符合合同的要求，其主要内容包括以下几点。

（1）安全管理目标

如零事故、零伤亡、零泄漏、零污染，安全生产文明施工合格率达到100%。

（2）施工的成本目标

如事前有计划、费用有预算、执行有检查、付款有依据，确保投资控制在原既定的投资范围内。

（3）施工的进度目标

如严格按公司与建设单位签订的合同工期和施工组织设计中的工程进度计划进行施工，保证按时完成施工任务。

（4）施工的质量目标

如主控项目一次验收合格率达到100%、一般项目一次验收合格率达到95%、优良率达到90%的质量目标。

（5）文明施工目标

如安全设施齐全，符合安全、文明标化工地的标准要求。创建市安全文明标化工地，争创省安全文明标化工地。施工现场内外整洁，道路通畅，无污染源，物料堆放有序，施工人员衣容整洁，讲文明、讲正气。高标准运行公司整合型管理体系中的职业安全健康管理体系标准。

（6）环境保护目标

如不妨碍工地外市政道路、街道的正常交通秩序；工地外貌整洁，无污染源；文明施工标语得当，符合市文明形象；任何施工或工地内生活污水均需经处理后排入市环保管道；杜绝蚊虫、苍蝇、鼠害等在工地滋生；施工垃圾及时清理、运输至市环保所允许堆放地点区域；施工噪声必须符合市环保部门及周边单位、居民的要求。

（7）科技进步目标

如工程的成功实施关键在于科学合理的施工技术的采用。针对工程的特点，创市科学进步奖、创省建筑业新技术应用示范工程。

施工方的项目管理工作主要在施工阶段进行，但由于设计阶段和施工阶段在时间上往往是交叉的，因此，施工方的项目管理工作也会涉及设计阶段。在施工前准备阶段和保修期施工合同尚未终止期间，还有可能出现涉及工程安全、费用、质量、合同和信息等方面的问题，因此施工方的项目管理也涉及施工前准备阶段和保修期。

施工阶段项目管理的任务，就是通过施工生产要素的优化配置和动态管理，以实现施工项目的质量、成本、进度和安全等的管理目标。

2．建筑智能化工程施工项目的组织部署

（1）施工项目管理组织机构的建立

组织机构设置的目的是为了进一步充分发挥项目管理功能，提高项目整体管理效率，以达到项目管理的最终目标。因此，企业在推行项目管理中，合理设置项目管理组织机构是一个非常重要的问题。高效率的组织体系和组织机构的建立是施工项目管理成功的组织保证。

项目管理组织机构的建立应遵循下列原则：

1）组织结构科学合理。

2）有明确的管理目标和责任制度。

3）组织成员具备相应的职业资格。

4）保持相对稳定，并根据实际需要进行调整。

组织应确定各相关项目管理组织机构的职责、权利、利益和应承担的风险。组织管理层应按项目管理目标对项目进行协调和综合管理。常见的项目部组织机构如图3-2所示。

（2）项目经理的选聘

项目经理应由法定代表人任命，并根据法定代表人授权的范围、期限和内容，履行管理职责，对项目实施全过程、全面管理。大中型项目的项目经理必须取得工程建设类相应专业注册执业资格证书。项目经理应具备下列素质：

1）符合项目管理要求的能力，善于进行组织协调与沟通。

2）具有相应的项目管理经验和业绩。

3）具备项目管理需要的专业技术、管理、经济、法律和法规知识。

4）具有良好的职业道德和团队协作精神，遵纪守法、爱岗敬业、诚信尽责。

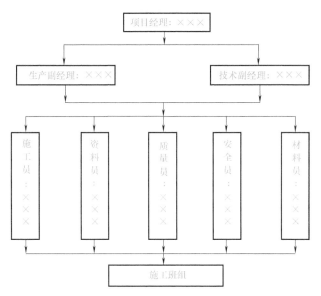

图 3-2　常见的项目部组织机构

5）身体健康。

项目经理不应同时承担两个或两个以上未完项目领导岗位的工作。在项目运行正常的情况下，组织不得随意撤换项目经理。特殊原因需要撤换项目经理时，应进行审计，并按有关合同规定报告相关方。

项目经理责任制应作为项目管理工作的基本制度，是评价项目经理绩效的依据。项目经理责任制的核心是项目经理承担项目管理目标责任书确定的责任。项目经理与项目经理部在工程建设中应严格遵守和实行项目管理责任制度，确保项目目标全面实现。

3. 建筑智能化工程施工项目的管理部署

对项目部所有管理人员都要实行目标管理，贯彻岗位责任制，将项目部所制定的各项目标分解到每个管理人员，落实到每个施工班组，每个管理人员都要扛指标、担责任。指标完成的好坏要与经济挂钩，管理人员的工资待遇、奖罚制度都与工作的好坏挂钩，不能干好干坏一个样，对工作责任心强、做出成绩者要进行奖励，对工作失职、造成质量事故者要进行严厉处罚或开除公职。

项目经理、副经理、技术负责人的工作成效由公司领导班子进行考核确定奖罚；项目部下属的管理人员由项目部领导班子进行考核确定奖罚。在施工期间，项目经理每两天要召开一次生产碰头会，由项目经理、副经理进行主持，项目部的管理人员和劳务施工队的管理人员参加，在生产碰头会上要通报生产进度完成情况和施工中出现的技术质量问题，针对出现的问题，确定处理方案，使生产、技术、质量沿着科学合理的轨道进行。

（1）项目经理的主要职责

1）遵守法规，执行制度，履行合同，接受监督，完成指标。

2）制定工期、质量、成本、安全、文明等各项管理目标、措施、保证体系，并能贯穿施工全过程。

3）岗位设置，人员配置，明确职责，建立制度，实施激励方案。

4）展示企业形象。

5）编制各种进度计划和资源管理计划，并加以落实。

6）控制成本，处理好各种利益关系。

7）选择施工人员，对进度、质量、成本、安全、文明、资金使用进行控制管理。

8）做好政治思想工作，防止违法违纪。

（2）项目技术副经理的主要职责

1）组织技术与质量管理工作。

2）质量体系的建立、运行和管理，质量计划的编制、审核与报批。

3）设计交底，图纸会审，编制施工组织设计、施工方案。

4）与政府职能部门联系，了解技术要求并落实。

5）监督检查"质量计划"与"施工组织设计"的执行情况。

6）新技术、新工艺推广。

7）材料的质量检验和试验。

8）主持质量会议，解决施工技术问题。

9）不合格品的处置、纠正和预防。

10）资料的收集整理与归档。

（3）项目生产副经理的主要职责

1）组织生产工作，协作项目经理做好进度、安全、文明施工等工作。

2）协作做好现场管理和项目规划等工作。

3）劳动力、机械设备的调度和优化配置。

4）进度计划的审核、落实和实施。

5）组织管理、施工过程控制，施工进度管理。

6）工程的安全、文明施工，消防保卫和成品保护。

7）大宗设备、材料采购。

8）工程调度、统计工作，编制报表，监督合同的实施情况。

（4）施工员的主要职责

1）对施工项目负责，完成质量指标，按图纸、规范、规程指导施工，组织自检和互检，保证一次合格。

2）负责项目的施工方案，技术交底，组织实施。

3）保证不合格工序不进入下一道工序，对工序管理引起的质量问题负责，对检查出来的问题负责返工、返修，参加隐检、预检、试压、调试和竣工验收工作。

4）设备、材料进场认证，收集合格证。

5）竣工前，向质量员移交质量记录，并保证资料的准确性和完整性。

（5）质量员的主要职责

1）监督按图纸、规范施工，保证质量。

2）工程质量核定，参加隐检、预检、试压、调试和竣工验收工作。

3）填写工程质量检查记录，发现问题反馈给有关部门和人员。

4）发现质量隐患，应及时向施工单位和人员提出，并有权责令停止施工，向上级和领导汇报；重大质量事故，及时监督施工单位用书面形式向上级部门和领导汇报。

（6）安全员的主要职责

1）认真执行国家安全生产的方针政策及企业制度。

2）负责项目安全、文明施工、消防、保卫管理，建立并完善管理体系，确保目标实现。

3）安全教育，对施工过程、安全操作、设施维护及个人防护实施监督，努力防止和杜绝事故发生。

4）监督检查安全交底，出现隐患及时通报。

5）制定并落实文明施工细则，做好检查工作。

6）配齐消防设备，严格用火用电制度，妥善保管危险物品，定期检查。

7）负责现场保安工作，加强巡视。

（7）材料员的主要职责

1）各区域机械设备、材料统计、分析，向副经理汇报。

2）负责乙方供应设备和材料的现场检验和报验。

3）负责业主委托乙方供应材料的检验、保管和发放。

4）负责业主供应设备、材料的验收保管工作。

5）调整材料采购计划，确保项目资金有效利用。

6）负责材料比价、样品、合格、供方资质审查。

7）安装辅料及机械工具的购置、保存、标识和发放。

（8）施工班组长的主要职责

严格按照设计图、规程和规范施工，认真做好自检和互检工作，严把每道工序质量关，保证所施工项目达到有关验收标准。

4. 建筑智能化工程施工项目的生产部署

建筑智能化工程施工项目的生产部署主要包括确定工程开展程序、拟定主要工程项目的施工方案。一般来说，建筑智能化工程的开展程序为：

1）配合土建单位施工，完成管线的预埋工作。

2）配合装修单位施工，完成布管与穿线工作。

3）在装修工程基本结束后，进行设备安装，并做好成品保护工作。

4）完成系统的调试工作。

5）完成系统的试运行、竣工验收和系统移交工作。

在进行生产部署时，应针对具体的建筑智能化工程，分析可能对工程质量产生重要影响的关键工程，制定相应的施工方案。

5. 建筑智能化工程施工项目的施工准备

（1）施工准备的要求

1）施工准备工作应有组织、有计划、分阶段、有步骤地进行。

2）建立严格的施工准备工作责任制及相应的检查制度。

3）坚持按基本建设程序办事，严格执行开工报告制度。

4）施工准备工作必须贯穿施工全过程。

5）施工准备工作要取得各协作相关单位的友好支持与配合。

（2）施工准备的内容

建筑智能化工程施工项目的施工准备主要包括技术准备、劳动力准备、物资准备、现场准备和季节性施工准备。

1）技术准备。技术准备的内容主要有：熟悉和审查图纸，组织图纸会审，图纸会审记录见表3-3；准备与工程有关的规程、规范和图集；进行详细的技术论证，编制施工方案、进度计划、材料计划，审批后实施；做好技术交底和工艺流程交底；制定出详细的安全、技术管理措施等。

表 3-3　图纸会审记录

会审日期：　　　　　年　　月　　日　　　　　　　　　　　　　　　　　　　　　　　编号：

工程名称		共　页
		第　页
图纸编号	提出问题	会审结果
参加会审人员		

会审单位 （公章）	建设单位	监理单位	设计单位	施工单位

2）劳动力准备。劳动力准备的主要内容有：选择参加过同类工程的技术人员参加施工；根据工期进度安排，编制劳动力使用计划，配足专业技术人员；做好入场培训，全员交底，根据工作任务的不同，完成相应的法律、法规、政策、制度培训；做好施工人员的安全、文明施工、规章制度培训，书面考试，合格上岗，重要岗位持证上岗；做好职工的安全健康教育，树立安全第一的意识等。

3）物资准备。物资准备的主要内容有：各种材料、预制件、施工机械、机具与设备的准备，根据进度情况，落实货源，办好订购手续。

4）现场准备。建筑智能化工程属于专业分包工程，因此现场准备主要是与总承包单位落实用电、用水和用气的方式，以及办公用房、职工住房和食堂等，为施工创造良好条件。

5）季节性施工准备。季节性施工准备的主要内容有：根据施工的工期，分别对冬季、雨季施工做好准备，包括供热、保温、排水、防汛、篷盖等临时设施准备，冬季、雨季必需的材料和机具准备，冬季、雨季施工技术培训。

6. 建筑智能化工程的开工条件

1）施工组织设计已获总监理工程师批准。

2）施工单位现场管理人员已到位，机具、施工人员已进场，主要工程材料已落实。

3）项目法人与项目设计单位已签订设计图交付协议。

4）进场道路及水、电、通风等已满足开工要求。

六、知识拓展与链接

1. 施工项目的组织形式

组织形式又称组织结构的类型，是指一个组织以什么样的结构方式去处理层次、跨度、部门设置和上下级关系。施工项目的组织形式与企业的组织形式是不可分割的，通常施工项目的组织形式有以下几种。

（1）工作队式项目组织

1）特征。该组织形式的主要特征：由企业各职能部门抽调人员组成项目管理机构（工作队），由项目经理指挥，独立性大；在工程施工期间，项目管理班子成员与原所在部门断绝领导与被领导关系；原单位负责人员负责业务指导及考察，但不能随意干预其工作或调回人员；项目管理组织与项目施工同寿命；项目结束后机构撤销，所有人员仍回原所在部门和岗位。

2）适用范围。该组织形式主要适用于大型施工项目、工期要求紧迫的施工项目以及要求多部门密切配合的施工项目。

3）优点。该组织形式的主要优点：项目经理从职能部门抽调或招聘的是一批专家，他们在项目管理中互相配合，协同工作，可以取长补短，有利于培养一专多能的人才并充分发挥其作用；各专业人才集中在现场办公，减少了扯皮和等待时间，工作效率高，解决问题快；项目经理权力集中，行政干扰少，决策及时，指挥得力；由于减少了项目与职能部门的结合部，项目与企业的结合部关系简化，故易于协调关系，减少了行政干预，使项目经理的工作易于开展；不打乱企业的原建制，传统的直线职能制组织仍可保留。

4）缺点。该组织形式的主要缺点：组建之初各类人员来自不同部门，具有不同的专业背景，互相不熟悉，难免配合不力；各类人员在同一时期内所担负的管理工作任务可能有很大差别，因此很容易产生忙闲不均，可能导致人员浪费；特别是对稀缺专业人才，不能在更大范围内调剂余缺；职工长期离开原部门，即离开了自己熟悉的环境和工作配合对象，容易影响其积极性的发挥；由于环境变化，容易产生临时观念和不满情绪，职能部门的优势无法发挥作用；由于同一部门人员分散，交流困难，也难以进行有效的培养、指导，削弱了职能部门的工作。当人才紧缺而同时又有多个项目需要按这一形式组织时，或者对管理效率有很高要求时，不宜采用该组织形式。

（2）部门控制式项目组织

1）特征。该组织形式是按职能原则建立的项目组织，其主要特征：不打乱企业现行的建制，即由企业将项目委托给其下属某一专业部门或委托给某一施工队，由被委托的部门（施工队）领导，在本单位选人组合负责实施项目组织，项目终止后恢复原职。

2）适用范围。该组织形式主要适用于小型的、专业性较强、不涉及众多部门的施工项目。

3）优点。该组织形式的主要优点：人才作用发挥较充分，工作效率高，这是因为由熟人组合办熟悉的事，人事关系容易协调；从接受任务到组织运转启动，时间短；职责明确，职能专一，关系简单；项目经理无须专门训练便容易进入状态。

4）缺点。该组织形式的主要缺点：不能适应大型项目管理的需要；不利于对计划体系下的组织体制（固定建制）进行调整；不利于精简机构。

（3）矩阵制项目组织

1）特征。该组织形式的主要特征：项目组织机构与职能部门的结合部同职能部门数相同，多个项目组织机构与职能部门的结合部呈矩阵状；将职能原则和对象原则结合起来，既能发挥职能部门的纵向优势，又能发挥项目组织的横向优势，多个项目组织的横向系统与职能部门的纵向系统形成矩阵结构；专业职能部门是永久性的，项目组织是临时性的；职能部门负责人对参与项目组织的人员实行组织调配、业务指导和管理考察；项目经理将参与项目组织的职能人员在横向上有效地组织在一起，为实现项目目标协同工作；矩阵中的每个成员或部门，接受原部门负责人和项目经理的双重领导，但部门的控制力大于项目的控制力；部门负责人有权根据不同项目的需要和忙闲程度，在项目之间调配本部门人员；一个专业人员可能同时为几个项目服务，特殊人才可充分发挥作用，大大提高人才利用率；项目经理对"借"到本项目经理部来的成员，有权控制和使用，当感到人力不足或某些成员不得力时，可以向职能部门求援或要求调换，或辞退回原部门；项目经理部的工作有多个职能部门支持，项目经理没有人员包袱；要求在横向和纵向有良好的信息沟通及良好的协调配合，对整个企业组织和项目组织的管理水平与组织渠道畅通情况提出了较高的要求。

2）适用范围。该组织形式主要适用于同时承担多个需要进行工程项目管理的企业。在这种情况下，各项目对专业技术人才和管理人员都有需求。采用矩阵制项目组织可以充分利用有限的人才对多个项目进行管理，特别有利于发挥稀有人才的作用。

该组织形式也适用于大型、复杂的施工项目。因大型、复杂的施工项目需要多部门、多技术、多工种配合实施，所以在不同阶段，对不同人员有不同数量和搭配上的需求。显然，部门控制式项目组织难以满足这种项目的要求；混合工作队式项目组织又因人员固定而难以调配，人员使用固定化，不能满足多个项目管理的人才需求。

3）优点。该组织形式的主要优点：兼有部门控制式和工作队式两种项目组织的优点，将职能原则与对象原则融为一体，而实现企业长期例行性管理和项目一次性管理的一致性；能以尽可能少的人力，实现多个项目管理的高效率。通过职能部门的协调，一些项目上的闲置人才可以及时转移到需要这些人才的项目上去，防止人才短缺，项目组织因此具有弹性和应变能力；有利于人才的全面培养，可以便于不同知识背景的人在合作中相互取长补短，在实践中拓宽知识面。可以发挥纵向的专业优势，使人才成长有深厚的专业训练基础。

4）缺点。该组织形式的主要缺点：由于人员来自职能部门，且仍受职能部门控制，故凝聚在项目上的力量减弱，往往使项目组织的作用发挥受到影响；管理人员如果身兼多职，管理多个项目，难以确定管理项目的优先顺序，有时难免顾此失彼；项目组织中的成员既要接受项目经理的领导，又要接受企业中原职能部门的领导，如果领导双方意见和目标不一致甚至有矛盾时，当事人便无所适从；矩阵制项目组织对企业管理水平、项目管理水平、领导者的素质、组织机构的办事效率和信息沟通渠道的畅通情况均有较高要求，因此要精干组织，分层授权，疏通渠道，理顺关系；由于矩阵制项目组织的复杂性和结合部多的特点，易造成信息沟通量膨胀和沟通渠道复杂化，致使信息梗阻和失真。

（4）事业部制项目组织

1）特征。该组织形式的主要特征：企业下设事业部，事业部对企业来说是职能部门，对企业外来说享有相对独立的经营权，可以是一个独立单位；事业部可以按地区设置，也可以按工程类型或经营内容设置；事业部能较迅速适应环境变化，提高企业的应变能力，调动部门的积极性；当企业向大型化、智能化发展并实行作业层和经营管理层分离时，事业部制项目组织是一种很受欢迎的选择，既可以加强经营战略管理，又可以加强项目管理。

在事业部（一般为其中的工程部或开发部，对外工程公司设海外部）下设项目经理部。项目经理由事业部选派，一般对事业部负责，经特殊授权时，也可直接对业主负责。

2）适用范围。该组织形式主要适用于大型经营型企业的工程承包，特别适用于远离公司本部的施工项目。需要注意的是，一个地区只有一个项目、没有后续工程时，不宜设立地区事业部，即事业部制项目组织适合在一个地区内有长期市场或一个企业有多种专业化施工力量时采用。在此情况下，事业部与地区市场同寿命。地区没有项目时，该事业部应予以撤销。

3）优点。该组织形式的主要优点：有利于延伸企业的经营职能，扩大企业的经营业务，便于开拓企业的业务领域；同时，还有利于迅速适应环境变化，提高公司的应变能力；既可以加强公司的经营战略管理，又可以加强项目管理。

4）缺点。该组织形式的主要缺点：企业对项目经理部的约束力减弱，协调指导的机会减少，会造成企业结构松散。因此，利用该组织形式必须加强制度约束和规范化管理，加大企业的综合协调能力。

2. 施工项目团队建设的要求

项目组织应树立项目团队意识，并满足下列要求：

1）围绕项目目标形成和谐一致、高效运行的项目团队。

2）建立协同工作的管理机制和工作模式。

3）建立畅通的信息沟通渠道和各方共享的信息工作平台，保证信息准确、及时、有效地传递。

项目团队应有明确的目标、合理的运行程序和完善的工作制度。项目经理应对项目团队建设负责，培养团队精神，定期评估团队运作绩效，有效发挥和调动各成员的工作积极性和责任感。项目经理应通过表彰奖励、学习交流等多种方式调节团队氛围，统一团队思想，营造集体观念，处理管理冲突，提高项目运作效率。项目团队建设应注重管理绩效，有效发挥个体成员的积极性，并充分利用成员集体的协作成果。

七、质量评价标准

本项目的质量考核要求及评分标准见表3-4。

表 3-4 质量考核要求及评分标准（三）

考核项目	考核要求	配分	评分标准	扣分	得分	备注
施工部署方案的撰写	1）施工管理目标定位准确 2）组织部署符合工程实际 3）管理部署符合工程实际 4）生产部署符合工程实际	35	1）目标定位不准确，每处扣3分 2）不符合工程实际，每处扣2分 3）不符合工程实际，每处扣2分 4）不符合工程实际，每处扣2分			

（续）

考核项目	考核要求	配分	评分标准	扣分	得分	备注
施工准备方案的撰写	1）技术准备符合工程实际 2）劳动力准备符合工程实际 3）现场准备符合工程实际 4）物资准备符合工程实际 5）季节性施工准备符合工程实际	35	1）不符合工程实际，每处扣2分 2）不符合工程实际，每处扣2分 3）不符合工程实际，每处扣2分 4）不符合工程实际，每处扣2分 5）不符合工程实际，每处扣2分			
开工报告的撰写	情况说明清晰，理由充分，满足开工条件	30	说明不清楚，理由不充分或不满足开工条件，每处扣3分			
总计						

八、项目总结与回顾

结合你的体会，你认为施工部署需要考虑哪些问题？施工准备工作需要与哪些单位协调配合？

习　　题

1. 填空题

1）建筑智能化工程的施工准备主要包括＿＿＿＿＿、＿＿＿＿＿、＿＿＿＿＿、＿＿＿＿＿和季节性施工准备。

2）＿＿＿＿＿是对整个施工项目的全局做出的统筹规划和全面安排，主要解决影响项目全局的重大战略问题。

2. 判断题

1）施工方作为项目建设的一个重要参与方，其项目管理只应服务于施工方本身的利益。（　　　）

2）项目经理不应同时承担两个或两个以上未完项目领导岗位的工作。（　　　）

3）施工准备不仅在开工前要做，开工后也要做。（　　　）

3. 单选题

1）图纸会审属于（　　　）。

A. 劳动力准备　　　　B. 技术准备　　　　C. 现场准备　　　　D. 物资准备

2）既可以加强公司的经营战略管理，又可以加强项目管理的是（　　　）项目组织。

A. 工作队式　　　　B. 部门控制式　　　　C. 矩阵制　　　　D. 事业部制

4. 问答题

1）施工部署包括哪些内容？

2）施工的管理目标有哪些？

3）施工准备的内容有哪些？

4）施工组织形式有哪些？

5）项目经理的主要职责有哪些？

6）开工的条件是什么？

项目四　建筑智能化工程施工项目进度管理

一、学习目标

1）掌握工程施工进度计划横道图的绘制方法。
2）掌握工程施工进度计划网络图的绘制方法。
3）掌握工程施工进度的管理方法。
4）掌握施工项目进度控制方案的编制方法。

二、项目导入

建筑智能化工程施工项目进度管理是项目管理中的重要内容之一。首先对施工的各个环节进行分解，按施工的逻辑进行合理安排，以反映施工顺序和各阶段工程面貌及完成情况；然后确定各个工序所需的时间，并根据逻辑关系绘制施工进度计划横道图或网络计划图。在施工过程中，经常进行检查、对照、分析，及时发现实施中的偏差，采取有效措施，调整工程施工进度计划，排除干扰，保证工期目标的实现。

三、学习任务

1．项目任务

本项目的任务是根据建筑智能化工程施工项目合同中规定的工期，编制项目进度计划，绘制横道图和网络图，并编制施工项目进度控制方案。

1）编制建筑智能化工程施工项目进度计划横道图。
2）编制建筑智能化工程施工项目进度计划网络图。
3）编制建筑智能化工程施工项目进度控制方案。

2．任务流程图

本项目的任务流程图如图 4-1 所示。

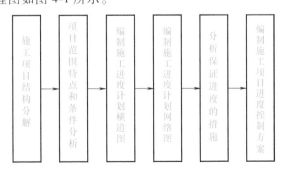

图 4-1　任务流程图（四）

四、实施条件

要完成该项目，必须有一台安装了 Project 软件的计算机，以便在实训时进行操作。

五、操作指导

1. 建筑智能化工程施工项目的项目结构分解方法

在建筑智能化工程施工项目中，项目结构分解是指以施工目标为主导，以技术系统说明为依据，由上到下、由粗到细将项目分解成树形结构，包括项目、子项目、任务、子任务、工作包等层次。常用下列方法进行分解。

（1）按实施过程进行分解

对于一个完整的施工项目来说，必然有一个实施的全过程。按实施过程进行分解，则得到项目的实施活动。建筑智能化工程施工项目通常可分为以下实施过程：施工准备、管线预埋、桥架施工、布管穿线、设备安装、系统调试、系统试运行和竣工验收等。

（2）按平面或空间位置进行分解

在管线预埋、桥架施工、布管穿线、设备安装和系统调试过程中，可按平面内不同区域或不同楼层进行分解，如一层的管线布置、二层的管线布置、三层的设备安装等。

（3）按功能进行分解

功能是建成后应具有的作用，它常常是在一定的平面和空间上起作用的，所以有时又被称为"功能面"。工程项目的运行实质是各个功能作用的组合，如电源线布线、光缆的布线、双绞线布线等。

（4）按要素进行分解

一个功能面分为各个专业要素，分解时必须有明显的专业特征，如计算机网络系统布线、消防报警及联动控制系统布线、安防系统布线等。

在对施工项目进行结构分解时，这些方法的选择是有针对性的，应符合工程的特点和项目自身的规律性，以实现项目的总目标。

结构分解时应注意以下问题：

1）在各层次上保持项目内容的完整性，不能遗漏任何必要的组成部分。分解的任务不能交叉，即分解成线性的树形结构。

2）分解相同层次的项目单元应有相同的性质，不能混乱。例如某一层按要素分解，则均为要素；按功能分解，则均为功能。

3）项目单元应能区分不同的责任者和不同的工作内容，项目单元应有较高的整体性和独立性，单元之间的工作责任、界面应尽可能小且明确，这样会方便项目目标和责任的分解与落实，方便进行成果评价和责任的分析。

4）最低层的工作包应相对独立，易执行，易考核，便于估计和分析时间、费用参数。为了达到计划和控制的目的，同时减少信息，保证计划的弹性，最低层工作包应满足以下要求：

① 工作包持续时间不能太长，不应过多地超过一个控制期。

② 工作包成本量不能太大，否则相应的成本信息（如用工单、领料单、收款单、支付

账单）太多，不便于精细地计划和控制。

③ 对简单的成熟工作过程的工作包、工序应分得较粗，而对风险大、难度大、复杂的工作包、工序应分得较细。

④ 工作包不能划分过细，如果划分得过深过细，则限制了班组（工作队）的积极性，计划缺乏弹性，指导意义不强。

⑤ 如果合同规定承包人必须提供精细的工作计划，则应有相应的分解细度。

5）项目结构分解应能使工作包之间有较为清晰的界面，从而防止项目实施时业主、承包人、分包人推卸界面上的工作任务，引起组织之间的界面争执。在结构分解时，当工作包的界面较模糊时，有必要确定界面上的任务，如可由双方协商共同完成或第三方来完成。

6）在分解以及工作包表的内容确定过程中应与实际工作人员一起商讨，不能由计划人员闭门造车。

2. 运用 Project 软件编制施工进度计划横道图的方法

横道图又称条状图，在 Project 软件中称为甘特图，"甘特图" 视图由两部分组成，即左边的表和右边的条形图，如图 4-2 所示。条形图包括一个横跨顶部的时间刻度，它表明时间单位。图中的条形是表中任务的图形化表示，表示的内容有开始时间和完成时间、工期及状态（例如，任务中的工作是否已经开始进行）。图中的其他元素如链接线，代表任务间的关系。运用 Project 软件编制施工进度计划横道图的过程如下。

（1）创建新项目计划

1）单击"文件"菜单中的"新建"按钮。在"新建项目"任务窗格中，单击"空白项目"按钮。新建一个空白项目计划，接下来，设置项目的开始日期。

2）单击"项目"菜单中的"项目信息"按钮，弹出"项目 1 的项目信息"对话框。

3）在"开始日期"下拉列表框中，输入或选择"2018 年 4 月 8 日"，如图 4-3 所示。

4）单击"确定"按钮，关闭"项目 1 的项目信息"对话框。

5）在"文件"菜单中，单击"保存"按钮。

（2）设置工作日

1）单击"工具"菜单中的"更改工作时间"按钮，弹出"更改工作时间"对话框，如图 4-4 所示。

2）在"例外日期"选项卡的"名称"域中输入"工作日"，然后单击右侧的"详细信息"按钮，弹出对话框如图 4-5 所示。

3）选择"工作时间"，重复发生方式选择"每天"，"重复范围"选择包含编制时间段的全部范围，单击"确定"按钮。这个时间段已被定为项目的工作时间。在对话框中，该日期有一下画线，并呈深青色，表明是例外日期。

4）单击"确定"按钮，关闭"更改工作时间"对话框。

（3）输入任务

任务是所有项目最基本的构件，它代表完成项目最终目标所需要做的工作。现以表 4-1 的工程进度计划为例来输入任务。

施工进度计划（施工进度横道图）

标识号	任务名称	工期	开始时间	完成时间
1	施工准备阶段	7工作日	2011年5月25日	2011年5月31日
2	施工准备	7工作日	2011年5月25日	2011年5月31日
3	施工阶段	335工作日	2011年6月1日	2012年4月30日
4	通信工程	330工作日	2011年6月1日	2012年4月25日
5	线路定测、铁塔定位	30工作日	2011年6月1日	2011年6月30日
6	长途干线光电缆线路施工	259工作日	2011年7月1日	2012年3月15日
7	站场及地区光电缆线路施工	139工作日	2011年9月15日	2012年1月31日
8	铁塔基础制作及组立	201工作日	2011年7月15日	2012年1月31日
9	漏泄电缆架设	78工作日	2011年10月15日	2011年12月31日
10	车站通信设备安装、测试	143工作日	2011年11月10日	2012年3月31日
11	区间通信设备安装、测试	143工作日	2011年11月10日	2012年3月31日
12	通信系统调试开通	25工作日	2012年4月1日	2012年4月25日
13	信息工程	143工作日	2011年11月10日	2012年3月31日
14	信息系统设备安装调试	143工作日	2011年11月10日	2012年3月31日
15	信号工程	333工作日	2011年6月1日	2012年4月28日
16	施工配合、测量	10工作日	2011年6月1日	2011年6月10日
17	电缆敷设	173工作日	2011年6月11日	2011年11月30日
18	箱盒安装及配线	195工作日	2011年6月20日	2011年12月31日
19	室外设备安装	204工作日	2011年8月10日	2012年2月29日
20	室内设备安装	204工作日	2011年8月10日	2012年2月29日
21	信号设备试验	41工作日	2012年3月1日	2012年4月10日
22	信号系统开通	18工作日	2012年4月11日	2012年4月28日
23	电力工程	315工作日	2011年6月1日	2012年4月10日
24	10kV线路测量	20工作日	2011年6月1日	2011年6月20日
25	10kV架空线路施工	133工作日	2011年6月21日	2011年10月31日
26	10kV电缆线路施工、设备安装	141工作日	2011年11月1日	2012年3月20日
27	变配电所设备安装、调试	116工作日	2011年12月1日	2012年3月25日
28	电力远动工程安装、调试	27工作日	2012年3月1日	2012年3月27日
29	站场电力工程施工、设备安装	261工作日	2011年7月15日	2012年3月31日
30	电力工程调试、送电	10工作日	2012年4月1日	2012年4月10日

［图 4-2］　施工进度计划横道图（甘特图）

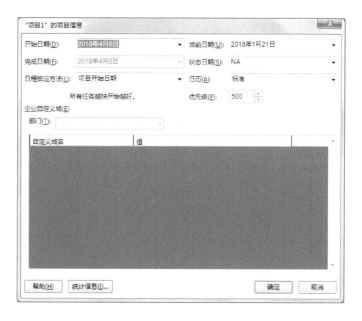

图 4-3 "项目 1 的项目信息" 对话框

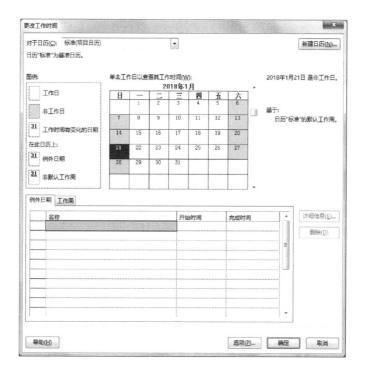

图 4-4 "更改工作时间" 对话框

图 4-5 "'工作日'的详细信息"对话框

表 4-1 施工项目的任务与施工时间

序号	施工项目名称	开始施工时间	完成施工时间
一	施工准备阶段	2018 年 4 月 8 日	2018 年 4 月 28 日
1	施工准备	2018 年 4 月 8 日	2018 年 4 月 28 日
二	施工阶段	2018 年 4 月 29 日	2018 年 10 月 8 日
1	施工定测	2018 年 4 月 29 日	2018 年 5 月 8 日
2	电缆敷设	2018 年 5 月 9 日	2018 年 8 月 8 日
3	箱盒安装及配线	2018 年 5 月 19 日	2018 年 8 月 28 日
4	室外设备安装	2018 年 7 月 18 日	2018 年 9 月 1 日
5	室内设备安装	2018 年 7 月 18 日	2018 年 9 月 1 日
6	室内外设备试验	2018 年 9 月 2 日	2018 年 9 月 20 日
7	信号系统开通	2018 年 9 月 21 日	2018 年 10 月 8 日
三	综合调试及验收阶段	2018 年 10 月 9 日	2018 年 12 月 8 日
1	综合调试及验收	2018 年 10 月 9 日	2018 年 12 月 8 日

1）输入任务，如图 4-6 所示。

注意：输入的任务会被赋予一个标识号（ID）。每个任务的标识号是唯一的，但标识号并不一定代表任务执行的顺序。

2）调整任务。本项目共三个阶段，每个阶段对于其子任务来说，属于摘要任务，在这将其子任务降级即可。按<Alt+Shift+→>组合键，调整后的任务如图 4-7 所示。

（4）链接任务

Project 软件要求任务以特定顺序执行。例如，任务 1 必须在任务 2 执行之前完成。在

	任务模式	任务名称	工期	开始时间	完成时间	前置任务
1		施工准备阶段	1 个工作日?	2018年4月8日	2018年4月8日	
2		施工准备	1 个工作日?	2018年4月8日	2018年4月8日	
3		施工阶段	1 个工作日?	2018年4月8日	2018年4月8日	
4		施工定测	1 个工作日	2018年4月8日	2018年4月8日	
5		电缆敷设	1 个工作日?	2018年4月8日	2018年4月8日	
6		箱盒安装及配线	1 个工作日?	2018年4月8日	2018年4月8日	
7		室外设备安装	1 个工作日?	2018年4月8日	2018年4月8日	
8		室内设备安装	1 个工作日?	2018年4月8日	2018年4月8日	
9		室内外设备试验	1 个工作日?	2018年4月8日	2018年4月8日	
10		信号系统开通	1 个工作日?	2018年4月8日	2018年4月8日	
11		综合调试及验收阶段	1 个工作日?	2018年4月8日	2018年4月8日	
12		综合调试及验收	1 个工作日?	2018年4月8日	2018年4月8日	

图 4-6　输入任务

	任务模式	任务名称	工期	开始时间	完成时间	前置任务
1		**施工准备阶段**	**1 个工作日?**	**2018年4月8日**	**2018年4月8日**	
2		施工准备	1 个工作日?	2018年4月8日	2018年4月8日	
3		**施工阶段**	**1 个工作日?**	**2018年4月8日**	**2018年4月8日**	
4		施工定测	1 个工作日	2018年4月8日	2018年4月8日	
5		电缆敷设	1 个工作日?	2018年4月8日	2018年4月8日	
6		箱盒安装及配线	1 个工作日?	2018年4月8日	2018年4月8日	
7		室外设备安装	1 个工作日?	2018年4月8日	2018年4月8日	
8		室内设备安装	1 个工作日?	2018年4月8日	2018年4月8日	
9		室内外设备试验	1 个工作日?	2018年4月8日	2018年4月8日	
10		信号系统开通	1 个工作日?	2018年4月8日	2018年4月8日	
11		**综合调试及验收阶段**	**1 个工作日?**	**2018年4月8日**	**2018年4月8日**	
12		综合调试及验收	1 个工作日?	2018年4月8日	2018年4月8日	

图 4-7　调整后的任务

Project 软件中，第 1 个任务称为前置任务，因为它在依赖于它的任务之前；第 2 个任务称为后续任务，因为它在它所依赖的任务之后。同样，任何任务都可以成为一个或多个前置任务的后续任务。任务间的关系见表 4-2。

表 4-2　任务间的关系

任务间的关系	含　义	甘特图中的外观	备　注
完成-开始(FS)	前置任务的完成日期决定后续任务的开始日期		施工定测必须在电缆敷设之前
开始-开始(SS)	前置任务的开始日期决定后续任务的开始日期		箱盒安装及配线的开始在电缆敷设开始后进行
完成-完成(FF)	前置任务的完成日期决定后续任务的完成日期		需要特殊设备的任务必须在设备租期结束时完成
开始-完成(SF)	前置任务的开始日期决定后续任务的完成日期		极少用到此种类型的关系

通过上述的四种关系来创建任务间的链接，建立任务间的关系：

1）"施工准备"的开始时间为 2018 年 4 月 8 日，完成时间为 2018 年 4 月 28 日，经计算为 21 个工作日，然后在工期一栏填入 21，在这里要注意，一项任务一定是确定了开始时间后，输入工期，然后确定任务的完成时间，而不是手动修改完成时间；如果是手动修改的，就容易与其后序项目产生逻辑错误。

2）下面链接信号工程的第一项任务，"施工定测"在"施工准备"完成后开始，所以是完成-开始（FS）关系链接。双击此项任务，弹出"任务信息"对话框，如图 4-8 所示，在前置任务"标识号"中输入 2，2 就是"施工准备"的标识号，类型改为完成-开始（FS），延隔时间为 0d。

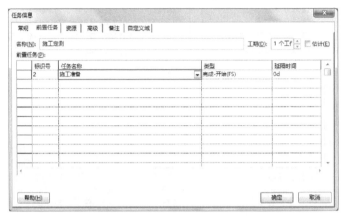

图 4-8 "任务信息"对话框（一）

"电缆敷设"在"施工定测"完成后开始，所以也是完成-开始（FS）关系链接。双击此项任务，弹出"任务信息"对话框，如图 4-9 所示，在前置任务"标识号"中输入 4，类型改为完成-开始（FS），延隔时间为 0d。

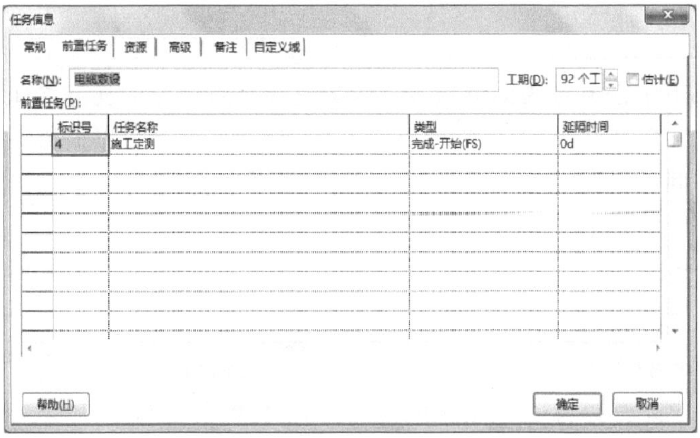

图 4-9 "任务信息"对话框（二）

"箱盒安装及配线"应该是在"电缆敷设"开始后进行的，所以是开始-开始（SS）关系链接。双击此项任务，弹出"任务信息"对话框，如图 4-10 所示，在前置任务"标识号"中输入 5，类型改为开始-开始（SS），延隔时间为 10d，即在"电缆敷设"开始 10d 后进行。

依此类推，完成剩余的任务信息链接，如图 4-11 所示。

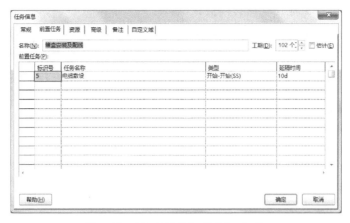

图 4-10　“任务信息”对话框（三）

	任务名称	工期	开始时间	完成时间	前置任务
1	**施工准备阶段**	**21 个工作日**	**2018年4月8日**	**2018年4月28日**	
2	施工准备	21 个工作日	2018年4月8日	2018年4月28日	
3	**施工阶段**	**31 个工作日**	**2018年4月29日**	**2018年5月29日**	
4	施工定测	10 个工作日	2018年4月29日	2018年5月8日	2
5	电缆敷设	92 个工作日	2018年5月9日	2018年8月8日	4
6	箱盒安装及配线	102 个工作日	2018年5月19日	2018年8月28日	5SS+10 个工作日
7	室外设备安装	46 个工作日	2018年7月18日	2018年9月1日	6SS+60 个工作日
8	室内设备安装	46 个工作日	2018年7月18日	2018年9月1日	4FS+70 个工作日
9	室内外设备试验	19 个工作日	2018年9月2日	2018年9月20日	8, 7
10	信号系统开通	18 个工作日	2018年9月21日	2018年10月8日	9
11	**综合调试及验收阶段**	**61 个工作日**	**2018年10月9日**	**2018年12月8日**	
12	综合调试及验收	61 个工作日	2018年10月9日	2018年12月8日	

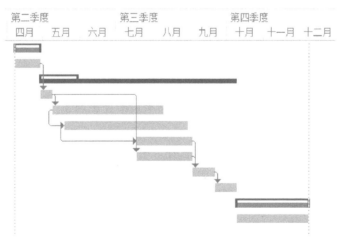

图 4-11　任务信息链接

注意：除了第一项子任务是自定义的项目开始时间，其余任务的开始时间、完成时间都是通过与前置任务的链接关系及工期来确定的，不能手动修改一项任务的开始时间和完成时间。生成的甘特图如图 4-12 所示。

图 4-12　生成的甘特图

（5）甘特图文件的格式化与打印

1）格式化视图中的文本。可以格式化表中的文本，使用“文本样式”对话框（单击“格式”菜单中的“文本样式”按钮，弹出此对话框）格式化一类文本，如图 4-13 所示。

对某类文本所做的修改会应用于所有同类文本。

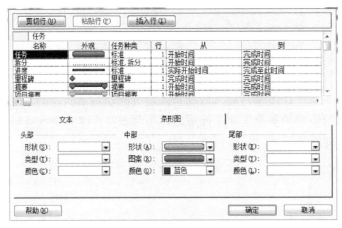

图 4-13　格式化视图中的文本

2）自定义甘特图。单击"格式"菜单中的"条形图"按钮，弹出图 4-14 所示的对话框，对甘特图的形状、图案及颜色进行修改。

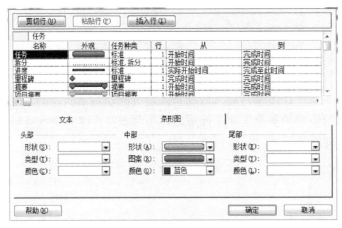

图 4-14　自定义甘特图

此外，在条形图样式修改中，可以将多余的条形图样式删除，避免在打印时页脚中出现多余的图例。

3）网格的修改。单击"格式"菜单中的"网格"按钮，弹出图 4-15 所示的对话框，

图 4-15　网格的修改

对甘特图的线条进行修改。

4）甘特图中链接线的去除。单击"格式"菜单中的"版式"按钮，弹出图 4-16 所示的对话框，可以选择有无链接线及链接线的样式。

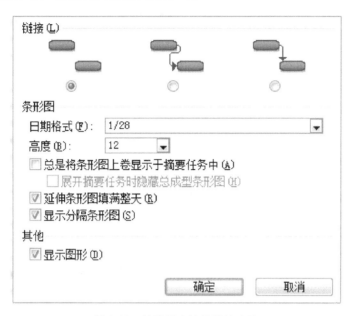

图 4-16 甘特图中链接线的去除

5）时间刻度的修改。单击"格式"菜单中的"时间"按钮，弹出图 4-17 所示的对话框，或双击"时间刻度"按钮也可弹出此对话框，可以修改时间刻度的格式。

图 4-17 时间刻度的修改

6）打印。单击"文件"菜单中的"页面设置"按钮，在弹出对话框对页面、页眉、页脚等进行设置，设置完成后进行打印。到此，施工进度计划横道图编制完成。

3. 运用 Project 软件编制施工进度计划网络图的方法

编制好甘特图并将链接关系设置正确后，单击"视图"菜单中的"网络图"按钮，进入网络图视图页面。

（1）节点格式与信息显示

1）单一节点的格式化。在"网络图"视图中，选中待格式化的任务节点。单击"格式"菜单中的"方框"按钮或右击菜单选择"设置方框格式"，弹出"设置方框格式"对话框，如图4-18所示，可以设置数据模板、边框和背景等。

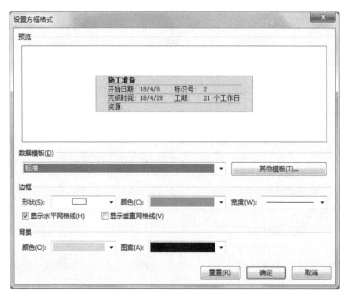

图4-18　单一节点的格式化

2）设定不同类别任务的格式。在"网络图"视图中，单击"格式"菜单中的"方框格式"或右击菜单选择"方框格式"，弹出"方框格式"对话框，如图4-19所示。

图4-19　设定不同类别任务的格式

可以设置：方框类型（设置节点的外观等）、设置突出显示筛选样式（设定此类任务经过筛选后的显示样式）、从此任务标志号开始显示数据（指定在预览框中所显示的信息是哪个标志号任务）等。

3）网络图模板设置。单击图4-19中的"其他模板"按钮，弹出"数据模板"对话框，选中"插入项目"，单击"编辑"按钮，如图4-20所示；对数据模板进行定义，如图4-21所示，在此对话框中可以设置网络图的单元格格式等。

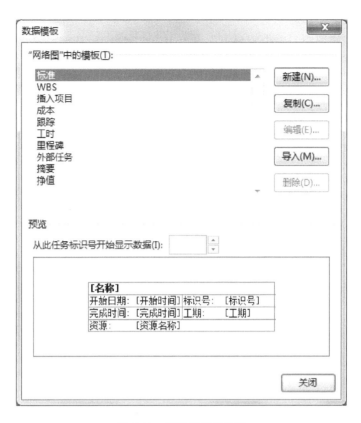

图 4-20 网络图模板设置

图 4-21 数据模板定义

（2）节点的调整与移动

在"网络图"视图中，单击"格式"菜单中的"版式"按钮，弹出"版式"对话框，如图 4-22 所示。

图 4-22　节点的调整与移动

可以设置放置方式、链接样式、链接颜色、图表选项等。

4.建筑智能化工程施工项目进度控制方案的编制

（1）进度计划编制

建筑智能化工程相对主体工程来说是分项工程，需要配合主体工程的进度。因此，进度管理人员必须获得与弱电工程相关的主体工程和配合工程进度计划数据，根据弱电工程进度经验以及人力、物力资源情况估计各工作的持续时间，通过网络计划计算方法，获得关键路径、总工期，各项活动的最早开始时间、最迟开始时间、最早完成时间、最迟完成时间、工作总时差、自由时差等数据。受主体工程工期限制，在弱电安装项目进度计划编制中，倒排工期是比较切实可行的方法，从竣工验收、系统试运行、系统联调、单系统调试、设备安装到穿线布管乃至深化设计工作，各阶段需列出最短工作时间，排出可并行的工作进程，缩短可简化或不重要的工序所占用的工时，预留出不确定因素可能带来的工期延误，最终提出总控计划，用以科学监控工程进度。

（2）进度控制

建筑智能化工程进度管理是一个十分复杂的过程，不仅要配合土建主体施工，还要配合装饰装修施工，同时还要确保自身弱电安装的施工进度。因此，弱电安装工程的进度控制必须建立完善的计划保证体系，只有这样，才能掌握施工管理主动权，控制施工生产局面，保证工程进度。一般来讲，建筑智能化工程进度计划保证体系以施工总进度为宏观调控计划，并作为总体实施计划，以月、周、日计划为具体执行计划，并由此派生出各专业进度计划和材料进场计划、技术保证计划、商务保证计划、物资供应保证计划及后勤保障等一系列计划，使进度保证计划形成层次分明、深入全面、贯彻始终的特色。进度控制的措施如下：

1）编制月（周）作业计划和施工任务书。

① 项目经理每周工作计划表：项目副经理每周的星期五向项目经理提交下一周工作计划表。项目经理结合项目总体进度进行安排，确保能按时按质完成工作计划中确认的各项任务。

② 施工队每日工作进度表：施工队长必须掌握施工队每日的工作进度，每日提交上一个工作日的工作进度汇报，供项目副经理现场督导与跟踪。

③ 特殊情况下的工作计划表：特殊情况是指甲方现场工地不能具备施工条件而影响计划中的工作，项目负责人有责任及时追踪了解甲方现场的条件变化，及时做出反应，及时调整工作计划。

④ 工程进度报告：可针对情况每周或某一阶段对工程进度进行详细的汇报。

2）做好进度检查记录、掌握现场施工实际情况。在施工中，如实记载每项工作的开始日期、工作进程和结束日期，为计划实施的检查、分析、调整、总结提供原始资料。要求跟踪记录人如实记录，并借助图表形成记录。施工进度的检查与进度计划的执行是融汇在一起的。计划检查是计划执行信息的主要来源，是施工进度调整和分析的依据，是进度控制的关键步骤。进度计划的检查方法主要采用对比法，即将实际进度与计划进度进行对比，从而发现偏差，以便调整或修改计划。

3）做好施工过程中的更改控制。建筑智能化工程的实施过程中遇到的变数较多，这些变化和更改大都会影响到项目实施的进程和进度，所以必须对施工过程中的更改加以控制，以确保项目按时、按合同要求高品质地完成。建筑智能化工程实施过程中的更改控制必须按照正常的处理程序操作，具体如图 4-23 所示。

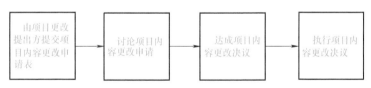

图 4-23 项目实施更改控制流程

4）做好调度工作。调度工作主要对进度控制起协调作用。协调配合关系，排除施工中出现的各种矛盾，克服薄弱环节，实现动态平衡。调度工作的内容包括：检查作业计划执行中的问题，找出原因，并采取措施解决；督促供应单位按进度要求供应资源；控制施工现场临时设施的使用；计划进行作业条件准备；传达决策人员的决策意图；发布调度令等。要求调度工作做得及时、灵活、准确、果断。

5）尽量避免"直进度"现象。"直进度"现象在建筑智能化工程施工中经常会出现，不管因为什么原因，都会对项目的质量、工程各专业间的配合造成影响。在"直进度"过程中，施工会出现偷工减料现象，安全会被忽视，质量检验得不到保证，造成严重的质量隐患，这给系统将来的运行和维护带来许多麻烦。在可能的情况下，应采取一切有效措施，尽量避免"直进度"现象的发生。

6）合理的奖惩制度。实行奖惩制度，施工班组开展劳动竞赛，采用双班、加班或轮班制，保证连续施工，提高劳动生产率。

（3）建筑智能化工程施工进度保障措施

除施工中确保人员、工具、设备材料的资源供应满足要求外，还可采取以下几个方面的保障措施，确保弱电工程满足总工期的要求。

1）工程部、物资部、财务部等全力配合弱电安装工程项目部的工作，按总承包要求进度安排工程施工工作，安排设备、物资、人员到场，确保施工计划按期完成。对分包的进度进行严格管理和监控，确保分包进度满足自身和相关专业的总体要求。

2）按土建、装修、机电等专业施工进度相应安排弱电系统施工工作。项目部每周召开一次施工例会，做好月、周阶段的施工计划安排，安排好设备、物资、人员到场，并严格按照计划实施。

3）解决现场施工中出现的问题，在作业交叉施工方面，积极做好各种准备工作，按照工程总体施工计划，配合土建及其他专业进行穿插交叉施工，做好工序配合，真正做到有计划合理安排工序，为其他工种创造有利条件；布线、设备安装施工阶段，要求各系统的施工尽可能及早进行，避免发生因其他专业影响而错过最佳施工机会，造成影响总体进度或其他专业下道工序的不良后果；严格把好质量关，避免产生因过程质量不合格引起返工并拖延施工总体进度的局面。事实证明，返工的时间和资源耗费比一次完工平均多出 15%；在项目实施的全过程中，做好完成项目的成品保护工作，避免因损坏而引起返工和拖延工时的问题发生。加强管理和教育，定量限时分配工作，提高工作效率，树立高效的工作意识和作风。

4）调试或测试阶段，做好相应的前期物资和技术准备，在系统软硬件满足要求的前提下，敦促其他专业满足调试条件。并且根据现场情况，在具备调试条件的情况下分步进行，确保调试的进度时间。

六、问题探究

1. 施工组织与流水施工

在建筑智能化工程施工过程中，可以采用以下三种组织方式：依次施工、平行施工与流水施工。

（1）依次施工

依次施工是指将拟建工程项目的整个建造过程分解成若干个施工过程，然后按照一定的施工顺序，各施工过程或施工段依次开工、依次完成的一种施工组织方式。这种施工方式组织简单，但由于同一工种工人无法连续施工造成窝工，从而使得施工工期较长。

（2）平行施工

平行施工是指所有施工对象的各施工段同时开工、同时完工的一种施工组织方式。这种施工方式的施工速度最快，但由于工作面拥挤，同时投入的人力、物力过多而造成组织困难和资源浪费。

（3）流水施工

流水施工是指把施工对象划分成若干施工段，每个施工过程的专业队（组）依次连续地在每个施工段上进行作业，当前一个专业队（组）完成一个施工段的作业之后，就为下一个施工过程提供了作业面，不同的施工过程按照工程对象的施工工艺要求相继投入施工，使各专业队（组）在不同的空间范围内可以互不干扰地同时进行不同的工作。流水施工能够充分、合理地利用工作面争取时间，减少或避免工人停工、窝工；而且，其连续性、均衡性好，有利于提高劳动生产率，缩短工期；同时，还可以促进施工技术与管理水平的提高。

2. 横道图进度计划与网络图进度计划的优缺点

横道图进度计划是一种最简单、运用最广泛的传统进度计划方法。横道图计划表中的进度线（横道）与时间坐标相对应，这种表达方式比较直观，容易看懂计划编制的意图。但是，横道图进度计划也存在一些问题。

（1）横道图进度计划存在的问题

1）工序（工作）之间的逻辑关系可以设法表达，但不易表达清楚。

2）适用于手工编制计划。

3）没有通过严谨的进度计划时间参数计算，不能确定计划的关键工作、关键路线与时差。

4）计划调整只能用手工方式进行，其工作量较大。

5）难以适应大的进度计划系统。

（2）网络图进度计划的优点

与传统的横道图进度计划相比，网络图进度计划的优点主要表现在以下几方面：

1）网络图进度计划能够表示施工过程中各个环节之间互相依赖、互相制约的关系。对于工程的组织者和指挥者来说，能够统筹兼顾，从全局出发，进行科学管理。

2）可以分辨出对全局具有决定性影响的工作，以便在组织实施计划时，能够分清主次，把有限的人力、物力首先用来完成这些关键工作。

3）可以从计划总工期的角度来计算各工序的时间参数。对于非关键工作，可以计算其时差，从而为工期计划的调整优化提供科学的依据。

4）能够在工程实施之前进行模拟计算，可以知道其中的任何一道工序在整个工程中的地位以及对整个工程项目和其他工序的影响，从而使组织者做到心中有数。

5）网络图进度计划可以使用计算机进行计算。一个规模庞大的工程，特别在进行计划优化时，必然要进行大量的计算，而这些计算往往是手工计算或使用一般计算工具难以胜任的。使用网络图进度计划，可以利用计算机进行准确快速的计算。

实际上，越是复杂多变的工程，越能体现出网络图进度计划的优越性。这是因为网络图进度计划的调整十分方便，一旦情况发生了变化，通过网络图进度计划的调整与计算，立即能预测到会产生什么样的影响，从而及早采取措施。一项工程计划，如果能用横道图表达，就能用网络图来表达；并且网络图比横道图有着更广泛的适应性。网络图中的双代号网络图、单代号网络图与时标网络图是进度计划表示过程中使用最多的网络图。

3. 双代号网络图

（1）概述

双代号网络图是指以箭线及其两端节点的编号表示工作的网络图。

1）箭线。箭线（工作）泛指一项需要消耗人力、物力和时间的具体活动过程，又称工序、活动、作业。双代号网络图中，每一条箭线表示一项工作。箭线的箭尾节点 i 表示该工作的开始，箭线的箭头节点 j 表示该工作的完成。工作名称可标注在箭线的上方，完成该工作需要的持续时间可标注在箭线的下方，如图 4-24 所示。由于一项工作需要用一条箭线和其箭尾与箭头处两个圆圈中的号码来表示，故称为双代号网络计划。

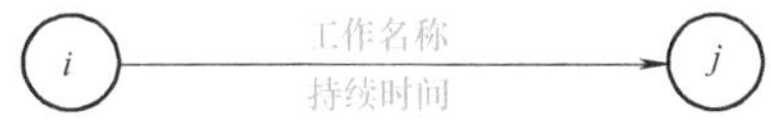

图 4-24　双代号网络图工作的表示方法

双代号网络图中的工作分为以下三类：第一类工作是指既需要消耗时间，又需要消耗资源的工作，称为一般工作；第二类工作只消耗时间而不消耗资源（如管道试压的稳压过程）；第三类工作既不消耗时间，也不消耗资源，称为虚工作。虚工作是为了反映各工作间的逻辑关系而引入的，用虚箭线表示。虚箭线是实际工作中并不存在的一项虚设工作，故它们既不占用时间，也不消耗资源，一般起着工作之间的联系、区分和断路三个作用。

联系作用是指应用虚箭线正确表达工作之间相互依存的关系；区分作用是指双代号网络图中每一项工作都必须用一条箭线和两个代号表示，当两项工作的代号相同时，应使用虚箭线加以区分；断路作用是指用虚箭线断掉多余联系，即在网络图中把无联系的工作连接上时，应加上虚箭线将其断开。

在建设工程中，一条箭线表示项目中的一个施工过程，它可以是一道工序、一个分项工程、一个分部工程或一个单位工程，其粗细程度和工作范围的划分根据计划任务的需要确定。

2）节点。节点（又称结点、事件）是网络图中箭线之间的连接点。在时间上，节点表示指向某节点的工作全部完成后该节点后面的工作才能开始的瞬间，它反映前后工作的交接点。网络图中有以下三种类型的节点：

① 起点节点：即网络图的第一个节点，它只有外向箭线（由节点向外指的箭线），一般表示一项任务或一个项目的开始。

② 终点节点：即网络图的最后一个节点，它只有内向箭线（指向节点的箭线），一般表示一项任务或一个项目的完成。

③ 中间节点：即网络图中既有内向箭线，又有外向箭线的节点。

在双代号网络图中，节点应用圆圈表示，并在圆圈内标注编号。一项工作应当只有唯一的一条箭线和相应的一对节点，且要求箭尾节点的编号小于其箭头节点的编号，网络图节点的编号顺序应从小到大，可不连续，但不允许重复。

3）线路。线路又称路线。网络图从起点节点开始，沿箭头方向顺序通过一系列箭线与节点，最后达到终点节点的通路称为线路。一个网络图中，从起点节点到终点节点，一般都存在着许多条线路，每条线路上包含若干工作。网络图中持续时间最长的线路称为关键线路。关键线路的持续时间又称网络计划的计算工期。同时，位于关键线路上的工作称为关键工作。其他线路长度均小于关键线路，称为非关键线路。

4）逻辑关系。工作之间的逻辑关系是指工作之间开始投入或完成的先后关系，用紧前关系或紧后关系（一般用紧前关系）来表示。逻辑关系通常由工作的工艺关系和组织关系所决定。

① 工艺关系：是指生产工艺上客观存在的先后顺序关系。如图 4-25 所示，管制 1→管安 1→管试 1→管保 1

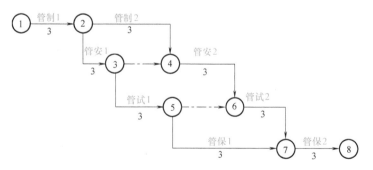

图 4-25　某管道工程逻辑关系

注：图中，"管制"是指管道制作；"管安"是指"管道安装"；"管试"是指管道试压；"管保"是指管道保温。

为工艺关系。

②　组织关系：是指在不违反工艺关系的前提下，人为安排的工作的先后顺序关系。如图 4-25 所示，管制 1→管制 2、管安 1→管安 2 等为组织关系。

网络图必须正确地表达整个工程或任务的工艺流程和各工作开展的先后顺序，以及它们之间相互依赖和相互制约的逻辑关系。因此，绘制网络图时必须遵循一定的基本规则和要求。

（2）绘制规则

双代号网络图在绘制过程中，除正确表达逻辑关系外，还必须遵守以下绘制规则：

1）网络图中严禁出现循环回路。图 4-26a 所示的网络图中，出现了①→②→③→①的循环回路，这是工作逻辑关系的错误表达。

2）在网络图中，不允许出现代号相同的箭线。图 4-26b 所示中 A、B 两项工作的节点代号均为①和②，这是错误的；要用虚箭线加以处理，如图 4-26c 所示。

3）双代号网络图中，只允许有一个起点节点和一个终点节点。图 4-26d 所示为错误的画法；图 4-26e 所示为纠正后的正确画法；图 4-26f 所示为较好的画法。

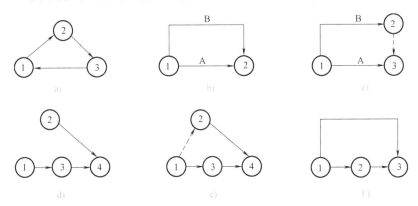

图 4-26　网络图的绘制规则
a)、b)、d) 错误画法　c)、e)、f) 正确画法

4）网络图是有方向的，按习惯从第一个节点开始，宜保持从左向右顺序连接，不宜出现箭线箭头从右指向左的情况。

5）网络图中的节点编号不能出现重号，但允许跳跃顺序编号。用计算机计算网络时间参数时，要求一条箭线的箭头节点编号应大于箭尾节点编号。

（3）工作时间参数的计算

1）双代号网络图中各个工作的时间参数

双代号网络图中各个工作有六个时间参数，分别为：

①　最早开始时间 $ES_{i,j}$：表示工作 (i, j) 最早可能开始的时间。

②　最早结束时间 $EF_{i,j}$：表示工作 (i, j) 最早可能结束的时间。

③　最迟开始时间 $LS_{i,j}$：表示工作 (i, j) 最迟必须开始的时间。

④　最迟结束时间 $LF_{i,j}$：表示工作 (i, j) 最迟必须结束的时间。

⑤　总时差 $TF_{i,j}$：表示工作 (i, j) 在不影响总工期的条件下，可以延误的最长时间。

⑥　自由时差 $FF_{i,j}$：表示工作 (i, j) 在不影响紧后工作最早开始时间的条件下，允许

延误的最长时间。

上述时间参数中的最早开始时间 $ES_{i,j}$、最早结束时间 $EF_{i,j}$、最迟开始时间 $LS_{i,j}$ 及最迟结束时间 $LF_{i,j}$，应遵循期末法则，即各个参数表示的是相应数字的最后时刻，如 $ES_{i,j} = 5d$，表示工作 (i, j) 最早可能开始的时刻是 5d 后。

2）时间参数的计算

若整个进度计划的开始时间为第 0 天，且节点编号有以下规律：$h < i < j < k < m < n$，则各个时间参数的计算公式如下：

① 最早开始时间 $ES_{i,j}$ 与最早结束时间 $EF_{i,j}$。

开始工作：
$$ES_{i,j} = 0$$
$$EF_{i,j} = 0 + d_{i,j} \tag{4-1}$$

其他工作：
$$ES_{i,j} = \max\{EF_{h,i}\}$$
$$EF_{i,j} = ES_{i,j} + d_{i,j} \tag{4-2}$$

式中　$EF_{h,i}$——工作 (i, j) 紧前工作的最早结束时间；

　　　$d_{i,j}$——工作 (i, j) 的持续时间。

② 计算工期 T_c。
$$T_c = \max\{EF_{m,n}\} \tag{4-3}$$

式中　$EF_{m,n}$——网络结束工作的最早完成时间。

③ 最迟开始时间 $LS_{i,j}$ 与最迟结束时间 $LF_{i,j}$。

结束工作：若有规定工期 T_p，　　　$LF_{m,n} = T_p \tag{4-4}$

　　　　　若无规定工期，　　　$LF_{m,n} = T_c \tag{4-5}$

$$LS_{m,n} = LF_{m,n} - d_{m,n} \tag{4-6}$$

其他工作：　　　$LF_{i,j} = \min\{LS_{j,k}\} \tag{4-7}$

$$LS_{i,j} = LF_{i,j} - d_{i,j} \tag{4-8}$$

式中　$LS_{j,k}$——工作 (i, j) 紧后工作的最迟开始时间。

④ 总时差 $TF_{i,j}$。总时差等于其最迟开始时间减去最早开始时间，或等于最迟完成时间减去最早完成时间，即

$$TF_{i,j} = LS_{i,j} - ES_{i,j} \tag{4-9}$$

$$TF_{i,j} = LF_{i,j} - EF_{i,j} \tag{4-10}$$

⑤ 自由时差 $FF_{i,j}$。当工作 i-j 有紧后工作 j-k 时，其自由时差应为

$$FF_{i,j} = \min\{ES_{j,k} - EF_{i,j}\} \tag{4-11}$$

3）图上作业法计算步骤

双代号网络图中各个工作的时间参数最为便捷的计算方法是直接在双代号网络图上计算，称为图上作业法。其计算步骤如下：

① 最早时间：最早开始时间的计算从网络图的左边向右边逐项进行。先确定第一项工作的最早开始时间为 0，将其与第一项工作的持续时间相加，即为该项工作的最早结束时间。然后逐项进行计算。当计算到某工作的紧前有两项以上工作时，需要比较其最早结束时间值的大小，取大者为该项工作的最早开始时间。最后一个节点前有多项工作时，取最早结束时间值最大者为计算工期。

② 最迟时间：最迟结束时间的计算从网络图的右边向左边逐项进行。先确定计划工期，

若无特殊要求，一般可取计算工期。与最后一个节点相接的工作，其最迟结束时间为计划工期，将它与该项工作的持续时间相减，即为该项工作的最迟开始时间。当计算到某工作的紧后有两项以上工作时，需要比较其最迟开始时间值的大小，取小者为该项工作的最迟完成时间。逆箭线方向逐项进行计算，一直算到第一个节点。

③ 总时差：终点节点的最迟时间减去起点节点的最早时间，再减去持续时间，即为总时差。

④ 自由时差：终点节点的最早时间减去起点节点的最早时间，再减去持续时间，即为自由时差。

⑤ 关键工作和关键线路：当计划工期和计算工期相等时，总时差为零的工作为关键工作。关键工作依次相连即得关键线路。当计划工期和计算工期之差为同一值时，总时差为该值的工作为关键工作。

4. 影响施工项目进度的因素

由于施工项目具有规模大、周期长、参与单位多等特点，因而影响施工项目进度的因素有很多。从产生的根源来看，主要来源于业主及上级机构，设计、监理、施工及供货单位，政府、建设部门，有关协作单位和社会等。归纳起来，这些因素包括以下几方面：

1）人的干扰因素。

2）材料、机具和设备干扰因素。

3）地基干扰因素。

4）资金干扰因素。

5）环境干扰因素。

受以上因素影响，工程会产生延期和延误。工程延误是指由于承包人自身的原因造成工期延长，损失由承包人自己承担，同时业主还有权对承包人违约误期进行罚款。工程延期是指由于承包人以外的原因造成工期延长，经监理工程师批准的工程延期；所延长的时间属于合同工期的一部分，承包人不仅有权要求延长工期，而且还可向业主提出赔偿的要求。

5. 施工项目进度控制的主要方法

（1）行政方法

进度控制的行政方法是指上级单位及上级领导人、本单位领导人利用其行政地位和权力发布进度指令进行指导、协调和考核，利用激励手段（奖、罚、表扬、批评）、监督和督促等方式进行进度控制。采用行政方法进行进度控制，优点是直接、迅速和有效，但应当注意其科学性，防止武断、主观和片面。行政方法应结合政府监理开展工作，多一些指导，少一些指令。行政方法控制进度的重点应是进度控制目标的决策或指导，在实施中应尽量让实施者自行控制，尽量少进行行政干预。

（2）经济方法

进度控制的经济方法是指用经济类的手段对进度控制进行影响和制约。在承发包合同中，要有有关工期和进度的条款。建设单位可以通过工期提前奖励和延期罚款实施进度控制，也可以通过物资的供应数量和进度实施进行控制。施工企业内部也可以通过奖励或惩罚的经济手段进行施工项目的进度控制。

（3）管理技术方法

进度控制的管理技术方法是指通过各种计划的编制、优化、实施和调整，从而实现进度控制的方法。主要包括：流水作业方法、科学排序方法、网络计划方法、滚动计划方法和计算机辅助进度管理方法等。

6. 施工项目进度控制的措施

施工项目进度控制的措施包括组织措施、技术措施、经济措施和合同措施等。

（1）组织措施

施工项目进度控制的组织措施主要包括：

1）建立进度控制小组，将进度控制任务落实到个人。

2）建立进度报告制度和进度信息沟通网络。

3）建立进度协调会议制度。

4）建立进度计划审核制度。

5）建立进度控制检查制度和调整制度。

6）建立进度控制分析制度。

7）建立图纸审查、及时办理工程变更和设计变更手续的措施。

（2）技术措施

施工项目进度控制的技术措施主要包括：

1）采用多级网络计划技术和其他先进适用的计划技术。

2）组织流水作业，保证作业连续、均衡、有节奏。

3）缩短作业时间，减少技术间歇。

4）采取计算机控制进度。

5）采用先进高效的技术和设备。

（3）经济措施

施工项目进度控制的经济措施主要包括：

1）对工期缩短给予奖励。

2）对应急赶工给予优厚的赶工费。

3）对拖延工期给予罚款，收赔偿金。

4）提供资金、设备、材料和加工订货等供应保证措施。

5）及时办理预付款及工程进度款支付手续。

6）加强索赔管理。

（4）合同措施

施工项目进度控制的合同措施主要包括：

1）加强合同管理，加强组织、指挥和协调，以保证合同进度目标的实现。

2）严格控制合同变更，对各方提出的工程变更和设计变更，经监理工程师严格审查后补进合同文件。

3）加强风险管理，在合同中要充分考虑风险因素及其对进度的影响和处理办法等。

七、知识拓展与链接

1. 进度计划实施中的监测与分析

在工程施工过程中，由于外部环境和条件的变化，很难事先对项目实施过程中可能出现的所有问题进行全面的估计。气候变化、意外事故及其他条件的变化都会对工程进度计划的实施产生影响，造成实际进度与计划进度的偏差。如果这种偏差得不到及时纠正，势必会影响到进度总目标的实现。为此，在施工进度计划的实施过程中，必须采取系统有效的进度控制措施，形成健全的进度报告采集制度收集进度控制数据，采取有效的监测手段来发现问题，并运用行之有效的进度调整方法来解决问题。

在工程项目的实施过程中，项目管理者必须经常地、定期地对进度的执行情况进行跟踪检查，发现问题应及时采取有效措施加以解决。施工进度的监测不仅是进度计划实施情况信息的主要来源，还是分析问题、采取措施、调整计划的依据。施工进度的监督是保证进度计划顺利完成的有效手段。因此，在施工过程中，应经常地、定期地跟踪监测施工实际进度情况，并且切实做好监督工作。主要包括以下两方面的工作：

1）进度计划执行中的跟踪检查。跟踪检查实际施工进度是分析施工进度、调整施工进度的前提。跟踪检查的主要工作是定期收集反映实际施工进度的有关数据。收集的方式可采用报表的形式，也可进行现场实地检查。收集的进度数据如果不完整或不正确，将导致不全面或不正确的决策，从而影响总体进度目标的实现。跟踪监测的时间、方式、内容和收集数据的质量，将直接影响控制工作的质量和效果。

监测的时间与施工项目的类型、规模、施工条件和对进度执行要求程度有关，通常分为两类：一类是日常监测，另一类是定期监测。定期监测一般与计划的周期和召开现场会议的周期相一致，可视工程的情况，每月、每半月、每旬或每周监测一次。当施工中的某一阶段出现不利的进度信息时，监测的间隔时间可相应缩短。日常监测是指常驻现场的管理人员每日进行的监测，监测结果通常采用施工记录和施工日志的方法记载下来。

监测和收集资料的方式主要有：经常地、定期地收集进度报表资料；定期召开进度工作汇报会；派人员常驻现场，监测进度的实际执行情况。为了保证汇报资料的准确性，进度控制的工作人员要经常到现场察看施工项目的实际进度情况。

施工进度计划监测的内容是在进度计划执行记录的基础上，将实际执行结果与原计划的进度要求进行比较，比较的内容包括开始时间、结束时间、持续时间、逻辑关系、实物量或工作量、总工期、网络图进度计划的关键线路及时差利用等。

2）整理、统计和分析收集的数据。收集的数据要及时进行整理、统计和分析，形成与计划具有可比性的数据资料。例如根据本期检查实际完成量确定累计完成的量、本期完成的百分比和累计完成的百分比等数据资料。

对于收集到的施工实际进度数据，要进行必要的分析整理，按计划控制的工作项目内容进行统计，以相同的量纲和形象进度形成与计划进度具有可比性的数据系统。一般可按实物工程量、工作量和劳动消耗量以及累计百分比等整理和统计实际监测的数据，以便与相应的计划完成量进行对比分析。

① 对比分析实际进度与计划进度。将实际的数据与计划的数据进行比较，如将实际累计完成量、实际累计完成百分比与计划累计完成量、计划累计完成百分比进行比较。通常可利用表格形成各种进度比较报表，或直接绘制比较图形来直观地反映实际与计划的偏差。可采用的比较法通常有：横道图比较法、S形曲线比较法、"香蕉"形曲线比较法及前锋线比较法等。通过比较，判断实际进度比计划进度拖后、超前还是与计划进度一致，以便为决策提供依据。

② 编制进度控制报告。将监测比较的结果，以及有关施工进度现状和发展趋势的情况，

以最简练的书面报告形式提供给项目经理及各级业务职能负责人。承包单位的进度控制报告应提交给监理工程师,作为其控制进度、核发进度款的依据。

③ 施工进度监测结果的处理。通过监测分析,如果进度偏差较小,应在分析其产生原因的基础上采取有效控制和纠偏措施,解决矛盾,排除障碍,继续执行原进度计划;如果经过努力,确实不能按原计划实现时,再考虑对原计划进行必要的调整,如适当延长工期或改变施工速度等。计划的调整一般是不可避免的,但应当慎重,尽量减少对计划的调整。

2. 施工进度计划的调整

在项目进度监测过程中,一旦发现实际进度与计划进度不符,即出现进度偏差时,必须认真寻找产生进度偏差的原因,分析进度偏差对后续工作产生的影响,并采取必要的调整措施,以确保施工进度总目标的实现。

通过检查分析,当发现原有施工进度计划不能适应实际情况时,为确保施工进度控制目标的实现或确定新的施工进展计划目标,需要对原有计划进行调整,并以调整后的计划作为施工进度控制的新依据。具体的过程如图4-27所示。

(1)分析偏差对后续工作及总工期的影响

根据以上对实际进度与计划进度的比较,能显示出实际进度与计划进度之间的偏差。当这种偏差影响到工期时,应及时对施工进度进行调整,以实现通过对进度的检查达到对进度控制的目的,保证预定工期目标的实现。偏差的大小及其所处的位置,对后续工作和总工期的影响程度是不同的。用网络图进度计划中总时差和自由时差的概念进行判断和分析,步骤如下:

1)分析出现进度偏差的工作是否为关键工作。根据工作所在线路的性质或时间参数的特点,判断其是否为关键工作。若出现偏差的工作为关键工作,则无论偏差大小,都必须采取相应的调整措施;若出现偏差的工作不是关键工作,则需要根据偏差值 Δ 与总时差 TF 和自由时差 FF 的大小关系,确定对后续工作和总工期的影响程度。

2)分析进度偏差是否大于总时差。若进度偏差大于总时差,说明此偏差必将影响后续工作

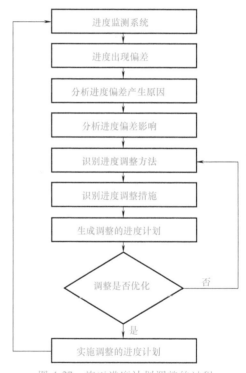

图 4-27 施工进度计划调整的过程

和总工期,必须采取相应的调整措施;若进度偏差小于或等于总时差,说明此偏差对总工期无影响,但它对后续工作的影响程度需要根据此偏差与自由时差的比较情况来确定。

3)分析进度偏差是否大于自由时差。若进度偏差大于自由时差,说明此偏差对后续工作产生影响,应根据后续工作允许的影响程度来确定如何调整;若进度偏差小于或等于自由时差,则说明此偏差对后续工作无影响,因此,原进度计划可以不做调整。上述分析过程如图4-28所示。

通过以上分析,可以确定需要调整的工作和调整偏差的大小,以便采取调整措施,获得

符合实际进度情况和计划目标的新进度计划。

（2）进度计划的调整方法

在分析实施进度计划的基础上，确定调整原计划的方法主要有以下两种：

1）改变某些工作的逻辑关系。通过以上分析比较，如果进度产生的偏差影响了总工期，并且有关工作之间的逻辑关系允许改变，则可以改变关键线路和超过计划工期的非关键线路上有关工作之间的逻辑关系，以达到缩短工期的目的。

这种方法不改变工作的持续时间，只是改变某些工作的开始时间和完成时间。对于大中型建设项目，因其单位工程较多且相互制约较少，可调整的幅度较大，所以容易采用平行作业的方

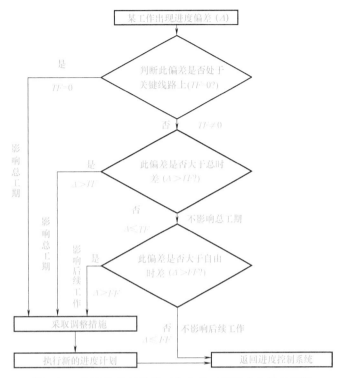

图 4-28　进度偏差对后续工作和总工期影响分析过程图

法来调整施工进度计划；而对于单位工程项目，由于受工作之间工艺关系的限制，可调整的幅度较小，所以通常采用搭接作业的方法来调整施工进度计划。

2）改变某些工作的持续时间。不改变工作之间的先后顺序关系，只是通过改变某些工作的持续时间来解决所产生的工期进度偏差，使施工进度加快，从而保证实现计划工期。但应注意，这些被压缩持续时间的工作应是位于因实际施工进度的拖延而引起总工期延长的关键线路和某些非关键线路上的工作，且这些工作又是可压缩持续时间的工作。具体措施如下：

① 组织措施：增加工作面，组织更多的施工队伍；增加每天的施工时间；增加劳动力和施工机械的数量。

② 技术措施：改进施工工艺和施工技术，缩短工艺技术间歇时间；采用更先进的施工方法，加快施工进度；采用更先进的施工机械。

③ 经济措施：实行包干激励，提高奖励金额；对所采取的技术措施给予相应的经济补偿。

④ 其他配套措施：改善外部配合条件；改善劳动条件；实施强有力的调度等。

一般情况下，不管采取哪种措施，都会增加费用。因此，在调整施工进度计划时，应利用费用优化的原理选择费用增加最少的关键工作作为压缩对象。

八、质量评价标准

本项目的质量考核要求及评分标准见表 4-1。

表 4-1　质量考核要求及评分标准（四）

考核项目	考核要求	配分	评分标准	扣分	得分	备注
横道图的绘制	1) 项目的结构分解深入、完整 2) 开始和结束时间正确 3) 时间安排中考虑了节假日安排以及季节性施工的特点 4) 工序安排合理 5) 图形绘制正确完整	20	1) 结构分解不深入、不完整，扣 3 分 2) 开始或结束时间错误，每处扣 2 分 3) 时间安排中没有考虑节假日安排或季节施工的特点，每处扣 2 分 4) 工序安排不合理，每处扣 2 分 5) 图形绘制不正确，每处扣 2 分			
网络图的绘制	1) 项目结构的分解深入、完整，且与横道图的分解一致 2) 工作的名称和持续时间正确 3) 每个工作的紧前与紧后工作表达清晰明确，工作的逻辑关系正确 4) 网络图的绘制符合规则要求 5) 能标注出关键线路与关键工作	30	1) 结构分解不深入、不完整，扣 3 分 2) 工作名称和持续时间错误，每处扣 2 分 3) 工作的逻辑关系错误，每处扣 2 分 4) 网络图的绘制不符合绘图规则，每处扣 2 分 5) 未能标注出关键线路或关键工作，扣 5 分			
进度管理方案的撰写	1) 有科学合理的进度计划 2) 有完整的进度计划管理办法 3) 有相应的管理措施	50	1) 进度计划不合理，扣 10 分 2) 进度计划的管理方法不完整，扣 10 分 3) 管理措施不完整，扣 10 分			
总计						

九、项目总结与回顾

结合你的体会，你认为进度管理中有哪几个重要的环节？进度管理中需要解决的关键问题是什么？

习　　题

1. 填空题

1）在建筑智能化工程施工过程中，可以采用＿＿＿＿、＿＿＿＿＿＿与＿＿＿＿＿＿三种组织方式。

2）虚箭线是实际工作中并不存在的一项虚设工作，故它们既不占用时间，也不消耗资源，一般起着工作之间的＿＿＿＿＿、＿＿＿＿＿和＿＿＿＿＿三个作用。

3）施工进度控制的主要方法有＿＿＿＿＿、＿＿＿＿＿、＿＿＿＿＿。

4）进度控制的措施包括＿＿＿＿＿、＿＿＿＿＿、＿＿＿＿＿和＿＿＿＿等。

2. 判断题

1）横道图能够表示施工过程中各个环节之间互相依赖、互相制约的关系。（　　　）

2）网络图中持续时间最长的线路称为关键线路。（　　　）

3）若进度偏差大于总时差，说明此偏差必将影响后续工作和总工期。（　　　）

3. 单选题

1）提供资金、设备、材料和加工订货等供应保证措施属于进度管理措施的（　　　）。

A. 组织措施　　　　B. 技术措施　　　　C. 经济措施　　　　D. 合同措施

2）所有施工对象的各施工段同时开工、同时完工的施工组织方式是（　　）。

A. 依次施工　　　　B. 平行施工　　　　C. 流水施工　　　　D. 水平施工

4. 问答题

1）与横道图进度计划相比，网络图进度计划的主要优点有哪些？

2）横道图进度计划的主要特点是什么？

3）双代号网络图的工作主要有哪几类？

4）影响施工进度的因素有哪些？

5）进度计划的调整方法有哪些？

项目五　建筑智能化工程施工项目资源管理

一、学习目标

1）了解资源管理的特点、任务和内容。
2）掌握劳动力使用计划、材料与设备供应计划、机具使用计划等的编制方法。
3）掌握资源管理方案的编写方法。

二、项目导入

资源是工程实施过程中必不可少的前提条件，其费用一般占施工项目总费用的80%以上。所以，节约资源是节约工程成本的主要途径。如果资源管理得不到保证，任何考虑得再周密的工期计划也不能实行。因此，在建筑智能化工程项目的施工中，必须加强资源管理，实现资源的优化配置。

三、学习任务

1. 项目任务

本项目的任务是根据前一个项目进度计划编写资源管理计划，并编写资源管理方案，采取具体的管理措施，确保资源管理计划完成，为工程的实施提供保证。

1）编写工程的劳动力使用计划。
2）编写工程的材料与设备供应计划。
3）编写工程的机具使用计划。
4）编写工程的资源管理方案。

2. 任务流程图

本项目的任务流程图如图5-1所示。

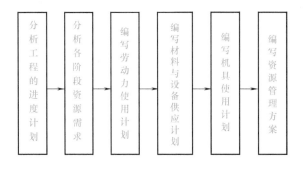

图 5-1　任务流程图（五）

四、操作指导

1. 劳动力使用计划的编写

根据项目四所编制的施工进度计划，在分析项目一中具体的施工内容、工程量以及持续时间的基础上，填写劳动力使用计划表，见表 5-1。

表 5-1　劳动力使用计划表

序号	工作名称	工作内容	人员类型	人员数量	进场时间	离场时间	备注

2. 材料与设备供应计划的编写

根据项目四所编制的施工进度计划，在分析项目一中具体的施工内容、工程量以及持续时间的基础上，填写材料与设备供应计划表，见表 5-2。

表 5-2　材料与设备供应计划表

序号	材料与设备名称	规格型号	单位	数量	进场时间	备注

3. 机具使用计划的编写

根据项目四所编制的施工进度计划，在分析项目一中具体的施工内容、工程量以及持续时间的基础上，填写机具使用计划表，见表 5-3。

表 5-3　机具使用计划表

序号	机具名称	规格型号	单位	数量	进场时间	离场时间	备注

五、问题探究

1. 项目资源管理的作用和地位

项目资源管理的目的是节约活劳动和物化劳动。具体可从以下四个方面来表达：

1）项目资源管理就是将资源进行适时、适量的优化配置，按比例配置资源并投入到施工生产中去，以满足需要。

2）进行资源的优化组合，即投入项目的各种资源在施工项目中搭配适当、协调，使之更有效地形成生产力。

3）在项目运行过程中，对资源进行动态管理。

4）在施工项目运行中，合理地节约使用资源。

项目资源管理对整个施工过程来说，都具有重要的意义，一个优质工程的诞生离不开施工项目资源管理。在施工项目的全过程中（招标签约、施工准备、施工实施、竣工验收、用户服务五个阶段），项目资源管理主要体现在施工实施阶段，但其他几个阶段也不同程度地有所涉及，如投标阶段进行方案策划、编制施工组织设计时，要考虑工程配置恰当劳动力、设备；此外，材料选择、资金筹措都离不开资源，而到了施工过程就更体现出资源管理的重要性。

从经济学的观点来讲，资源属于生产要素，是形成生产力的基本要素。除科学技术是第一生产力要素外，劳动力是生产力中最活跃的因素。人们掌握了生产技术，运用劳动手段，作用于劳动对象，从而形成生产力。资金也是一种重要的生产要素，它是财产和物资的货币表现，也就是说，资金是一定倾向和物资的价值总和。

项目资源管理的任务，就是按照项目的实施计划，将项目所需的资源按正确的时间、数量供应到正确的地点，并降低项目资源的成本消耗。因此，必须对资源进行计划管理。

2. 资源管理计划

1）资源管理计划的编制依据有：

① 合同文件。

② 现场条件。

③ 项目管理实施规划。

④ 项目进度计划。

⑤ 类似项目经验。

2）资源管理计划应包括建立资源管理制度，编制资源使用计划、供应计划和处置计划，规定控制程序和责任体系。

3）资源管理计划应依据资源供应条件、现场条件和项目管理实施规划编制。

4）人力资源管理计划应包括人力资源需求计划、人力资源配置计划和人力资源培训计划。

5）材料管理计划应包括材料需求计划、材料使用计划和分阶段材料计划。

6）机械设备管理计划应包括机械设备需求计划、机械设备使用计划和机械设备保养计划。

7）技术管理计划应包括技术开发计划、设计技术计划和工艺技术计划。

8）资金管理计划应包括项目资金流动计划和财务用款计划，具体可编制年、季、月度资金管理计划。

3. 项目资源管理控制

项目资源管理控制包括对资源利用率和使用效率的监督、闲置资源的清退、资源随项目实施任务的增减变化及时调整等。

1）资源管理控制应包括按资源管理计划进行资源的选择、资源的组织和进场后的管理等内容。

2）人力资源管理控制应包括人力资源的选择、订立劳务分包合同、教育培训和考核等。

3）材料管理控制应包括材料供应单位的选择、订立采购供应合同、出厂或进场验收、储存管理、使用管理及不合格品处置等。

4）机械设备管理控制应包括机械设备购置与租赁管理、使用管理、操作人员管理、报废和出场管理等。

5）技术管理控制应包括技术开发管理，新产品、新材料、新工艺的应用管理，项目管理实施规划和技术方案管理，技术档案管理，测试仪器管理等。

6）资金管理控制应包括资金收入与支出管理、资金使用成本管理、资金风险管理等。

4. 项目资源管理考核

（1）资源管理考核

资源管理考核应通过对资源投入、使用、调整以及计划与实际的对比分析，找出管理中存在的问题，并对其进行评价。通过考核能及时反馈信息，提高资金使用价值，为持续改进管理方法提供依据。

（2）人力资源管理考核

人力资源管理考核应以有关管理目标或约定为依据，对人力资源管理方法、组织规划、制度建设、团队建设、使用效率和成本管理等进行分析和评价。

（3）材料管理考核

材料管理考核应对材料管理计划、使用、回收及相关制度进行效果评价。材料管理考核应坚持计划管理、跟踪检查、总量控制、节超奖罚的原则。

（4）机械设备管理考核

机械设备管理考核应对项目机械设备的配置、使用、维护以及技术安全措施、设备使用效率和使用成本等进行分析和评价。

（5）项目技术管理考核

项目技术管理考核应包括对技术管理工作计划的执行、技术方案的实施、技术措施的实施、技术问题的处置，技术资料收集、整理和归档以及技术开发，新技术和新工艺应用等情况进行分析和评价。

（6）资金管理考核

资金管理考核应通过对资金的分析工作，将计划收支与实际收支进行对比，找出差异，分析原因，改进资金管理。在项目竣工后，应结合成本核算与分析工作进行资金收支情况和经济效益分析，并上报企业财务主管部门备案。组织应根据资金管理效果对有关部门或项目经理部进行奖惩。

六、知识拓展与链接

根据《质量管理体系要求》（ISO 9001）及《质量管理体系业绩改进指南》（ISO 9004）等标准的管理思想，对于一般组织中的资源管理涉及以下内容：

1）人力资源的管理。第一，一个组织需要明确自己为实现某种设定的目标所需要的人力资源能力要求；第二，根据这一能力要求实现人力资源的配置；第三，对已经配置的资源进行相应的能力评价，如果不能满足规定的要求，需要采取培训或相应的其他措施保证满足需要；第四，对于采取的措施需要进行相应的评价与记录，以验证管理的效果；第五，对于能力的评价可以从教育、培训、技能与经验等方面进行。

2）基础设施的管理。应确定、提供并维护相应的硬件、软件与支持性的设备设施的管理，确保现在及以后满足需要。

3）工作环境的管理。工作环境作为一种资源管理，包括工作时的所处条件，如物理的、环境的及其他因素（温度、噪声、天气等）。

4）财务资源的管理。包括确定并获取相应的财务资源；监控并报告使用的情况，报告财务资源使用的效果以及如何改进等。

5）供方和合作伙伴资源的管理。一个组织的生存与发展是离不开价值链上的合作伙伴的；同样需要进行选择、评价与改进的管理。

6）知识、信息与技术资源的管理。从现在的需求上与将来的影响上考虑这些资源的管理，包括识别、获取、维持、保护、使用和评价等过程。

7）自然资源（含能源）的管理。从自然资源的可获得性和使用有关的风险和机会进行管理，涉及组织运行的全过程。

七、质量评价标准

本项目的质量考核要求及评分标准见表 5-4。

表 5-4　质量考核要求及评分标准（五）

考核项目	考核要求	配分	评分标准	扣分	得分	备注
劳动力使用计划编制	1）与进度计划相匹配 2）工作内容与人员相匹配 3）工作时间与工程的工作量相匹配	40	1）与进度计划不匹配，每处扣 5 分 2）工作内容与人员不匹配，每处扣 5 分 3）与工程的工作量不匹配，每处扣 5 分			
材料与设备供应计划编制	1）材料设备与清单一致 2）进场时间与进度计划相匹配	30	1）材料设备与清单不一致，每处扣 5 分 2）进场时间与进度计划不匹配，每处扣 5 分			
机具使用计划编制	1）机具与工作内容相匹配 2）进离场时间与进度计划相匹配	30	1）机具与工作内容不匹配，每处扣 5 分 2）进离场时间与进度计划不匹配，每处扣 5 分			
总计						

八、项目总结与回顾

结合你的体会，你认为资源管理在项目管理中的作用是什么？如何才能做好施工项目的资源管理？

习　　题

1. 填空题

1）资源管理计划应依据_____、_____和_____编制。

2）人力资源管理控制应包括_____、_____、_____和考核等。

3）资金管理控制应包括_____、_____、_____等。

2. 判断题

1）从经济学的观点来讲，资源属于生产要素，是形成生产力的基本要素。（　　）

2）项目资源作为工程实施必不可少的前提条件，其费用一般占工程总费用的 70% 以上。（　　）

3. 单选题

1）施工项目资源管理主要体现在（　　）阶段。

A. 施工准备　　　　　B. 施工实施　　　　　C. 招标签约　　　　　D. 竣工验收

2）除科学技术是第一生产力要素外，（　　）是生产力中最活跃的因素。

A. 资金　　　　　　　B. 设备　　　　　　　C. 材料　　　　　　　D. 劳动力

4. 多选题

1）资源管理计划应包括（　　），规定控制程序和责任体系。

A. 建立资源管理制度　　　　　　　　B. 编制资源使用计划

C. 编制资源供应计划　　　　　　　　D. 编制资源处置计划

2）材料管理计划应包括（　　）。

A. 材料需求计划　　　　　　　　　　B. 机具进场计划

C. 分阶段材料计划　　　　　　　　　D. 材料使用计划

5. 问答题

1）什么是施工项目的资源管理？

2）资源管理计划的编制依据是什么？

3）资源管理的作用是什么？

项目六 建筑智能化工程质量管理

一、学习目标

1）掌握建筑智能化工程质量控制点的确定方法。
2）掌握建筑智能化工程质量计划的编制方法。
3）掌握建筑智能化工程质量的控制措施和方法。

二、项目导入

建筑智能化工程质量管理就是为了达到质量要求所采取的一系列技术措施。它贯穿于工程的全过程和各环节，在施工过程中要避免相关技术违反有关规定的情况，达到质量管理的最终目的。建筑智能化工程质量不过关，不仅会增加后期的维护成本、缩短使用寿命，还会增加用户的安全隐患，可能会造成更大的损失。因此，建筑智能化工程的质量问题对建筑智能化市场的健康发展有着直接而深远的影响，必须加强项目的施工质量管理，确保质量水平。

三、学习任务

1. 项目任务

本项目的任务是对项目一介绍的智能化项目确定质量控制点、编制质量计划、完成质量管理。

2. 任务流程图

本项目的任务流程图如图 6-1 所示。

四、操作指导

1. 建筑智能化工程的质量目标与质量目标分解

（1）建筑智能化工程的质量目标

建筑智能化工程施工企业获得工程建设任务签订承包合同后，企业或授权的项目管理机构应依据企业质量方针和工程承包合同等确立本项目的工程建设质量目标。工程建设的质量目标应当是对工程承包合同条款的承诺和现企业管理水平的体现。例如，某企业在一个施工项目的质量目

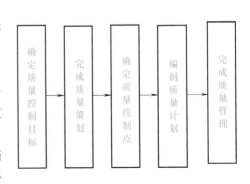

图 6-1 任务流程图（六）

标:"严格遵守《建设工程质量管理条例》及国家施工质量验收标准,全部工程确保一次验收合格率达100%,工程质量保证合格,力争达到市优质工程标准"。

(2)建筑智能化工程的质量目标分解

质量目标建立后,应把质量目标体现到组织的相关职能和层次上,经过全员的参与,共同努力以达到质量目标(要求)。这就要求组织对质量目标进行分解策划。这样做,能增加质量目标的可操作性,有利于质量目标的具体落实和实现。质量目标分解到哪一层次,要视组织的具体情况而定。在展开质量目标时,应注意各部门之间的配合与协调关系,不能因为某个分质量目标定得过高或过低出现资源等分配不合理的现象,而影响总质量目标的实现。质量目标的分解方法有很多,不能一概而论,质量目标的可操作性强,有利于质量目标的具体落实和实现的分解方法就是好方法。

2. 建筑智能化工程质量控制点的确定

(1)质量控制点的概念

质量控制点是指为保证工序处于受控状态,在一定的时间和一定的条件下,在产品制造过程中需重点控制的质量特性、关键部件或薄弱环节。质量控制点又称质量管理点。设置质量控制点是保证达到施工质量要求的必要前提;项目技术负责人或质量检查员在拟定质量控制工作计划时,应予以详细考虑,并以制度来保证落实。对于质量控制点,一般要事先分析可能造成质量问题的原因,再针对原因制订对策和措施进行预控。

质量控制点是对重要的质量特性要求进行重点质量控制而逐步形成的。任何一个施工过程或活动总是有许多项的特性要求,这些质量特性的重要程度对工程使用的影响程度不完全相同。质量控制点就是在质量管理中运用"关键的少数、次要的多数"这一基本原理的具体体现。

质量控制点一般可分为长期型和短期型两种。对于设计、工艺要求方面的关键、重要项目,是必须长期重点控制的;而对工序质量不稳定、不合格品多或用户反馈的项目,以及因材料供应、生产安排等在某一时期内有特殊需要时,则应设置短期质量控制点。当技术改进项目的实施、新材料的应用、控制措施的标准化等经过一段时间有效性验证后,可以相应撤销,转入一般的质量控制。

如果对工程的关键特性、关键部位和重要因素都设置了质量控制点,并得到了有效控制,则这个工程的质量就有了保证。同时,控制点还可以收集大量有用的信息,为质量改进提供依据。所以,设置质量控制点、加强工序管理是企业建立质量体系的基础环节。

(2)设置质量控制点的原则

质量控制点,需要通过对工程的质量特性要求和施工过程中的各道工序进行全面分析来确认。设置质量控制点时一般应考虑以下原则:

1)对产品(工程)的适用性(可靠性、安全性)有重要影响的关键质量特性、关键部位或重要影响因素,应设置质量控制点。

2)对工艺有严格要求、对下道工序有严重影响的关键部位应设置质量控制点。

3)对经常容易出现不良品的工序,必须设置质量控制点。

4)对影响项目质量的某些工序的施工顺序,必须设置质量控制点。

5)对严重影响项目质量的材料质量和性能,必须设置质量控制点。

6)对影响下道工序质量的技术间歇时间,必须设置质量控制点。

7） 对某些与施工质量密切相关的技术参数，要设置质量控制点。

8） 对容易出现质量通病的部位，必须设置质量控制点。

9） 某些关键操作过程，必须设置质量控制点。

10） 对用户反馈的重要不良项目，应设置质量控制点。

建筑智能化工程在施工过程中设置质量控制点的数量，应根据工程的复杂程度，以及技术文件上标记的特性分类、缺陷分级的要求而定。选择那些施工质量难度大的、对质量影响大的或者是发生质量问题时危害大的对象作为质量控制点。

（3） 建筑智能化工程质量控制点

建筑智能化工程质量控制点见表6-1。

表 6-1　建筑智能化工程质量控制点

子分部(分项)工程	质量控制点
智能化集成系统	设备安装;软件安装;接口及系统调试;试运行
信息接入系统	安装场地检查
用户电话交换系统	线缆敷设;设备安装;软件安装;接口及系统调试;试运行
信息网络系统	设备安装;软件安装;系统调试;试运行
综合布线系统	梯架、托盘、槽盒和导管安装;线缆敷设;机柜、机架、配线架的安装;信息插座安装;链路或信道测试;软件安装;系统调试;试运行
移动通信室内信号覆盖系统	安装场地检查
卫星通信系统	
有线电视及卫星电视接收系统	梯架、托盘、槽盒和导管安装;线缆敷设;设备安装;软件安装;系统调试;试运行
公共广播系统	
会议系统	
信息导引及发布系统	
时钟系统	
信息化应用系统	
信息导引及发布系统	梯架、托盘、槽盒和导管安装;线缆敷设;显示设备安装;机房设备安装;软件安装;系统调试;试运行
建筑设备监控系统	梯架、托盘、槽盒和导管安装;线缆敷设;传感器安装;执行器安装;控制器、箱安装;中央管理工作站和操作分站设备安装;软件安装;系统调试;试运行
火灾自动报警系统	梯架、托盘、槽盒和导管安装;线缆敷设;探测器类设备安装;控制器类设备安装;软件安装;系统调试;试运行
安全技术防范系统	梯架、托盘、槽盒和导管安装;线缆敷设;设备安装;软件安装;系统调试;试运行
应急响应系统	设备安装;软件安装;系统调试;试运行
机房工程	供配电设备安装;防雷与接地系统安装;监控与安全防范系统;消防系统;系统调试;试运行
防雷与接地	接地装置安装;等电位连接;电涌保护器安装;系统调试;试运行

（4） 质量控制点设置后的实施要点

根据质量控制点的设置原则，质量控制点的落实与实施一般有以下几个步骤：

1) 确定质量控制点，编制质量控制点明细表。

2) 绘制"工程质量控制程序图"及"工序质量流程图"，明确标出建立控制点的工序、质量特性、质量要求等。

3) 组织有关人员进行工序分析，绘制质量控制点设置表。

4) 组织有关部门对质量部门进行分析，明确质量目标、检查项目、应达到的标准及各质量保证相关部门的关系与保证措施等，并编制质量控制点内部要求。

5) 组织有关人员找出影响工序质量特性的主导因素，并绘制因果分析图和对策表。

6) 编制质量控制点工艺指导书。

7) 按质量评定标准进行验评。为保证质量，严格按照建筑工程质量验评标准进行验评。

3. 建筑智能化工程质量计划的编制原则

（1）有明确的编制依据

编制依据主要有：施工图；与建设单位签订的施工合同；有关的国家施工及验收规范；施工技术、施工管理、施工经验；相关技术文件；主要施工规范、技术标准；招标文件及合同约定。

（2）有明确的工程质量目标

根据合同约定及企业内制订的项目目标明确质量目标。

（3）质量管理体系完善

有完善的管理体系，附项目质量管理组织机构图；说明质量管理岗位职责。

（4）施工技术管理到位

1) 施工组织设计是施工管理中最重要的一环，是一个工程的战略部署，其编制要具有纲领性。

2) 施工方案是根据施工组织设计，重点对关键施工工艺或季节性施工指定的施工方案和措施。施工方案的编制要具有实用性和针对性。结合工程的实际，需编制专项施工方案。

3) 技术交底是施工组织设计、施工方案的进一步细化。首先，工程技术负责人在交底之前要清楚交底的对象，交底的对象主要是工人，因此技术交底的内容必须具有可操作性和可行性。其次，施工技术交底要结合工程实际。最后，技术交底一定要传达到施工第一线人员，技术人员不能把技术交底写好就放在一边，在检查时才拿出来。

（5）质量控制点设置与管理到位

质量控制点的设置应根据《工程项目质量控制管理》文件中的要求及工程特点设置，按所设质量控制点分项论述控制管理办法。

（6）施工生产要素的质量控制

应根据《工程项目质量控制管理》文件中的要求及工程特点编制论述，主要有下列内容：施工人员的质量控制、材料的质量控制、施工机械设备的质量控制、工艺方案的质量控制、施工环境的质量控制。

（7）施工资料管理

根据有关标准的要求分项论述，应结合工程特点及资料管理办法编制。可将施工资料分为施工管理资料、施工技术资料、施工物资资料、施工测量记录、施工记录、施工试验资料、施工验收资料、质量评定资料和其他资料。要求资料齐全、真实，随发生随整理，分类整理、按序排列，目录清晰、层次清楚、格式正确、管理有序，无涂改、无不了项。

（8）施工过程控制管理

包括工序施工的质量控制、施工作业质量的自控、施工作业质量的监控、隐蔽工程验收与成品质量保护，编制各单位（分部分项）工程质量检验与验收计划表。

4. 建筑智能化工程质量计划的编制要求

质量计划应由项目经理主持编制。质量计划作为对外质量保证和对内质量控制的依据文件，应体现施工项目的过程控制，同时也要体现从资源投入到完成工程质量最终检验和试验的全过程控制。施工项目质量计划的编制要求主要包括以下几个方面。

（1）质量目标

合同范围内全部工程的所有使用功能符合设计文件要求，工程质量达到既定的施工质量目标。

（2）管理职责

项目经理是工程质量计划实施的最高负责人，对工程符合设计、验收规范、标准要求负责；对各阶段、各工种按期交工负责。

项目经理委托项目质量副经理（或技术负责人）负责工程质量计划和质量文件的实施及日常质量管理工作；当有更改时，负责更改后的质量文件活动的控制和管理。

（3）资源提供

规定项目经理部管理人员及操作工人的岗位任职标准与考核认定方法；规定项目人员流动时进出人员的管理程序；规定人员进场培训（包括供方队伍、临时工、新进场人员）的内容、考核、记录等；规定对新技术、新结构、新材料、新设备修订的操作方法和操作人员进行培训并记录等；规定施工所需的临时设施（含临建、办公设备、住宿房屋等）、支持性服务手段、施工设备及通信设备等。

（4）工程项目实现过程策划

规定施工组织设计或专项项目质量的编制要点及接口关系；规定重要施工过程的技术交底和质量策划要求；规定新技术、新材料、新结构、新设备的策划要求；规定重要过程验收的准则或技艺评定方法。

（5）业主提供的材料、机械设备等产品的过程控制

施工项目上需用的材料、机械设备在许多情况下是由业主提供的。对这种情况要做如下规定：业主如何标识、控制其提供产品的质量；检查、检验、验证业主提供产品满足规定要求的方法；对不合格产品的处理办法。

（6）材料、机械、设备、劳务及试验等采购控制

由企业自行采购的工程材料、工程机械设备、施工机械设备、工具等，质量计划做如下规定：对供方产品标准及质量管理体系的要求；选择、评估、评价和控制供方的方法；必要时对供方质量计划的要求及引用的质量计划；采购的法规要求；有可追溯性（追溯所考虑对象的历史、应用情况或所处场所的能力）要求时，要明确追溯内容的形成，记录、标志的主要方法；需要的特殊质量保证证据。

（7）产品标识和可追溯性控制

隐蔽工程质量验评、特殊要求的工程等必须做可追溯性记录，质量计划要对其可追溯性范围、程序、标识、所需记录及如何控制和分发这些记录等内容做出规定。坐标控制点、标

高控制点、编号、安全标志、标牌等是工程的重要标识记录，质量计划要对这些标识的准确性控制措施、记录等内容做出规定。

（8）施工工艺过程的控制

对工程从合同签订到交付使用全过程的控制方法做出规定；对工程的总进度计划、分段进度计划、分包工程的进度计划、特殊部位的进度计划、中间交付的进度计划等做出过程识别和管理规定；规定工程实施全过程各阶段的控制方案、措施、方法及特别要求等；规定对隐蔽工程、特殊工程进行控制、检查、鉴定验收、中间交付的方法；规定工程实施过程中需要使用的主要施工机械、设备、工具的技术和工作条件，运行方案，操作人员上岗条件和资格等内容，作为对施工机械设备的控制方式；规定对各分包单位项目上的工作表现及其工作质量进行评估的方法、评估结果送交有关部门、对分包单位的管理办法等，以此控制分包单位。

（9）搬运、贮存、包装、成品保护和交付使用过程的控制

规定工程实施过程中形成的半成品及成品保护方案、措施、交接方式等内容，作为保护半成品及成品的准则；规定工程期间交付、竣工交付、工程的收尾、维护、验评、后续工作处理的方案、措施，作为管理的控制方式；规定重要材料及工程设备的包装防护方案及方法。

（10）安装和调试的过程控制

对于工程的安装、检测、调试、验评、交付、不合格产品的处置等内容规定方案、措施和方式。由于这些工作同土建施工交叉配合较多，因此，对于交叉接口程序、验证的特性、交接验收、检测、试验设备要求、特殊要求等内容要做明确规定，以便实施时遵循。

（11）检验、试验和测量的过程控制

规定材料、构件、施工条件、结构形式在什么条件、什么时间必须进行检验、试验、复验，以验证是否符合质量和设计要求。当企业和现场条件不能满足所需各项试验要求时，要规定委托上级试验或外单位试验的方案和措施。当有合同要求的专业试验时，应规定有关的试验方案和措施。对于需要进行状态检验和试验的内容，必需规定每个检验试验点所需检验、试验的特性、所采用程序、验收准则、必需的专用工具、技术人员资格、标识方式和记录等要求。

（12）检验、试验、测量设备的过程控制

规定要在工程项目上使用所有检验、试验、测量和计量设备的控制和管理制度，包括：设备的标识方法；设备校准的方法；标明、记录设备准状态的方法；明确哪些记录需要保存，以便发现设备失准时，确定以前的测试结果是否有效。

（13）不合格产品的控制

编制工种、工程出现不合格产品的处理方案、纠正措施，以及防止与合格产品之间发生混淆的标识和隔离措施；规定哪些范围不允许出现不合格产品；明确一旦出现不合格产品时，哪些允许修补返工，哪些必须推倒重来，哪些必须局部更改设计或降级处理。

5. 建筑智能化工程质量计划的编制步骤

（1）质量计划编制的职责

主管质量负责人负责质量计划的审批与发布。总工程师办公室主任负责组织质量计划的编制、执行过程中的检查监督、计划控制与协调工作。项目开发部、工程部、销售部和建材

供应部的部门负责人协助总工程师办公室主任编制质量计划，负责与本部门有关部分的执行与内部控制工作，并配合总工程师办公室主任的协调工作。

（2）质量计划的编制时间

项目正式立项后，在编制施工组织设计时，应一并编制质量计划。

（3）编制步骤

质量负责人组织工程部和建材供应部的部门负责人编制本部门工作计划。根据项目特点提出项目质量计划总体进度及质量要求，用书面通知形式向各部门分派质量计划编制任务。

相关部门负责人接到通知后，组织编制本部门质量计划，并在规定时间内把计划提交给质量负责人。

质量负责人负责计划编制过程中的协调工作。在计划编制过程中，相关部门人员提出的疑问，质量负责人应及时做出解释；对于部门间的争议，应做好协调工作。

质量负责人汇集相关部门质量计划，编制统一的项目质量计划。对不符合要求或者根据情况需要重新修订的部门质量计划，要求该部门负责人应重新修订。部门间计划出现不协调或相互冲突时，质量负责人应协调好冲突部门共同解决。

质量负责人完成项目质量计划初稿后，及时呈交项目负责人审批。

五、问题探究

1. 建筑智能化工程质量的组织与制度保证

组织建设和制度建设是实现质量目标的重要保障，项目班子以及各级管理人员建立起明确、严格的质量责任制，做到人人有责任是实现质量目标的前提。项目经理是企业法人在工程项目上的代表，是项目工程质量的第一责任人，对工程质量终身负责。项目经理部应根据工程规划、项目特点、施工组织、工程总进度计划和已建立的项目质量目标，建立由项目经理领导，由项目工程师策划、组织实施，现场施工员、质量员、安全员和材料员等项目管理中层的中间控制，区域和专业责任工程师检查监督的管理系统，形成项目经理部、各专业承包人、专业化公司和施工作业队组成的质量管理网络。

建立健全项目的质量保证体系，落实质量责任制度。项目经理应根据合同质量目标并按照企业《质量手册》的规定，建立项目部质量保证体系，绘制质量管理体系结构图，选聘岗位人员并明确各岗位职责。

质量计划的实施需要以下各种制度的配合：

1）现场质量责任制。包括企业经理责任制，总工程师（主任工程师）责任制，质量技术部门责任制，项目负责人（建造师）责任制，项目技术负责人责任制，专职质量检查员责任制，专业工长、施工班（组）长责任制，操作者责任制。

2）现场管理制度。包括技术交底制度，施工挂牌制度，过程三检制度，质量否决制度，成品保护制度，竣工服务承诺制度，培训上岗制度，工程质量事故报告及调查制度。

3）分包单位管理制度。

4）图纸会审记录制度。

5）物资采购管理制度。

6）施工设施和机械设备管理制度。

7）计量设备配备制度。

8）检测试验管理制度。

9）工程质量检查验收制度。

2. 影响建筑智能化工程质量主要因素的控制

全面质量管理要坚持"预防为主、防治结合"的基本思路，将管理重点放在影响工程质量的人、材料、机械设备、工艺方法和环境等因素上。

（1）人

人是质量活动的主体，这里泛指与工程有关的单位、组织及个人，包括建设、勘察、设计、施工、监理及咨询服务单位，也包括政府主管及工程质量监督、检测单位，单位组织的施工项目的决策者、管理者和作业者等。

（2）材料

材料控制包括原材料、成品、半成品和构配件等的控制，应严把质量验收关，保证材料正确合理使用，建立管理台账，进行收、发、储、运等各环节的技术管理，避免混料和材料混用。

材料质量控制的内容主要有：材料的质量标准，材料的性能，材料的取样、试验方法，材料的适用范围和施工要求等。

材料质量检验一般有书面检验、外观检验、理化检验和无损检验四种方法。

根据材料信息和保证资料的具体情况，材料的质量检验程度分为免检、抽检和全部检查三种。

（3）机械设备

机械设备的选用，除了需要考虑施工现场的条件、建筑结构类型、机械设备性能等方面的因素外，还应结合施工工艺和方法、施工组织与管理和建筑技术经济等各种影响因素，进行多方案论证比较，力求获得较好的综合经济效益。

机械设备的选用，应着重从机械设备的选型、机械设备的主要性能参数和机械设备的使用操作要求三方面予以控制。

要健全"人机固定"制度、"操作证"制度、岗位责任制度、交接班制度、"技术保养"制度、"安全使用"制度和机械设备检查制度等，确保机械设备处于最佳使用状态。

（4）工艺方法

施工项目建设期内所采取的技术方案、工艺流程、组织实施、检测手段和施工组织设计等都属于工艺方法的范畴。

（5）环境

影响施工项目质量的环境因素较多，有工程技术环境、工程管理环境、劳动环境等。环境因素对质量的影响具有复杂而多变的特点。因此，根据工程特点和具体条件，应对影响质量的环境因素采取有效的措施严加控制。尤其是施工现场，应建立文明施工和文明生产的环境，保持材料工件堆放有序，道路畅通，工作场所清洁整齐，施工程序井井有条，为确保质量、安全创造良好条件。

3. 建筑智能化工程的质量控制

（1）事前控制

质量事前控制的目的是在工程施工开始之前，就把工程质量问题放在一切工作的首位，并采取相应措施，确保工程质量第一。主要工作包括：

1）掌握和熟悉质量控制的技术依据。

2）进行施工场地的质量检验验收。

3）审查施工队伍的资质和施工人员的从业资格证书。

4）工程所需原材料、半成品的质量控制。

5）施工工具、机械和设备的质量控制。

6）编制施工组织设计或施工方案。

7）制订改善施工环境、生产环境的措施。

8）建立和完善质量保证体系。

9）主动与当地质量监督机构联系，汇报在建筑智能化工程项目中开展质量监督的具体方法，争取当地质量监督机构的支持和帮助。

10）建立并执行关于材料制品试件取样及试验的方法或方案。

11）制定成品保护措施和方法。

12）审核项目经理部制定的系统方案，设备、材料的选型和价格表等。

13）了解中心机房位置、信息点数、电力供应、建筑物接地等情况。

14）建立和完善质量报表、质量事故的报告制度等。

（2）事中控制

事中控制是指项目实施过程中的质量控制，主要由项目经理、质量师（或质量员）和监理方负责，必要时会同质监站共同开展工作。

1）工序交接验收。工序交接验收程序如图 6-2 所示。在工程施工过程中，为了保证施工质量，要执行工序交接检查制度，上道工序完成后，先由质量师或质量员进行自检、专职检验，认为合格后再通知监理工程师到现场会同检验。检验合格签署认可后，方能进行下道工序。坚持上道工序不经检查验收，不准进行下道工序的原则。

2）单项工程竣工验收。凡单项工程完工后，项目质量师或质量员首先进行自检，初验合格后再向监理方和发包人提出验收申请表，由监理工程师审核自检资料，会同质量师或质量员到现场进行复检，如果检验结果合格，由总监理工程师签署合格证，并进行工程质量等级评定。其验收程序如图 6-3 所示。

3）隐蔽工程验收。在建筑智能化工程项目施工过程中，凡被下道工序掩盖的隐蔽工程，应全部组织检查验收，合格后办理签证，然后才允许进行下道工序的施工，隐蔽工程检查记录统一归档。

常见的隐蔽工程项目检查内容介绍如下。

① 暗配管穿线，桥架缆线敷设，应分层分段进行隐蔽检查。内容包括：位置规格、标高、弯度、接头、焊接、

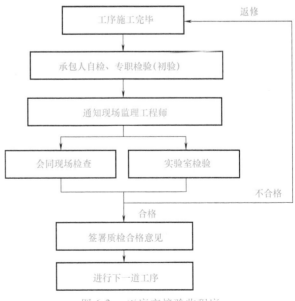

图 6-2　工序交接验收程序

跨接地线、防腐、管盒固定和
管口处理等。

② 地极敷设。包括焊接、
防腐、测试记录。

③ 夹层内设备器具安装。
包括通过管道、给水排水管、
电路控制器和支架等。

4）项目竣工验收。项目
竣工验收程序如图 6-4 所示。
项目竣工验收的流程由承包人
提供工程竣工报告、质量合格
证、工程结算资料、竣工图及
其他技术文件资料等，先由现

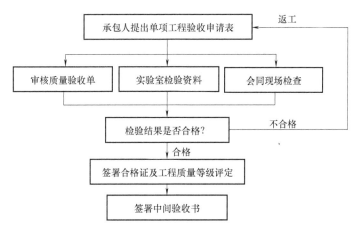

图 6-3　单项工程竣工验收程序

场监理工程师审核文档资料，并组织初验，然后由总监理工程师组织全面检查验收，如果合
格，由总监理工程师签署合格证，并进行工程质量等级评定。

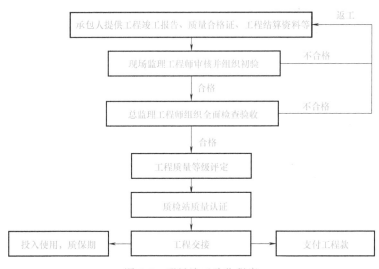

图 6-4　项目竣工验收程序

（3）事后控制

事后控制是指项目竣工验收后质保期的质量控制。

1）定期检查。当建筑智能化工程项目投入运行和使用后，开始时每月检查一次。如果
3 个月后未发现异常情况，则可每 3 个月检查一次。当有异常情况出现时，则缩短检查的间
隔时间。定期检查主要检查工程运行状况，鉴定质量责任，以及进行维护保修工作。

2）恶劣天气检查。当地经受台风、地震、暴雨后，工程维护人员应及时赶赴现场进行
观察和检查。

3）检查方法。通常采用访问调查法、目测观察法、仪器测量法三种形式。每次检查时
不论什么方法都要详细记录。

4）检查重点。对项目质量影响较大的主要设备及其一些重要部位。

5）保修工作。保修工作的主要内容是对项目质量缺陷的处理。各类质量缺陷的处理方案，一般由责任方提出，监理方审定执行。当责任方为发包人时，则由监理工程师代拟，征求承包人同意后执行。

（4）工程质量事故处理。工程质量事故处理包括：质量事故原因，责任分析；质量事故处理措施的商定；批准处理质量事故的技术措施或方案；处理措施效果的检查等。

六、知识拓展与链接

1. ISO 9000 质量管理体系

ISO 9000 是指质量管理体系标准，它不是单指一个标准，而是一族标准的统称，是由国际标准化组织（ISO）质量管理和质量保证技术委员会（TC176）编制的一族国际标准。其核心标准有四个，分别为：《质量管理体系　基础和术语》（ISO 9000），表述质量管理体系基础知识，并规定质量管理体系术语；《质量管理体系　要求》（ISO 9001），规定质量管理体系要求，用于证实组织具有提供满足顾客要求和适用法规要求的产品的能力，目的在于增进顾客满意度；《质量管理体系　业绩改进指南》（ISO 9004），提供考虑质量管理体系的有效性和效率两方面的指南，目的是促进组织业绩改进和使顾客及其他相关方满意；《质量和（或）环境管理体系审核指南》（ISO 19011），提供审核质量和环境管理体系的指南。

通常所说的 ISO 9000 质量管理体系认证，实际上仅指按《质量管理体系　要求》（GB/T 19001—2016）进行的质量管理体系的认证。就 ISO 9000 族标准而言，这也仅是以顾客满意为目的的一种合格水平的质量管理，要达到高水平的质量管理，还要按《追求组织的持续成功　质量管理方法》（GB/T 19004—2011）的要求，不断进行质量管理体系的改进和优化。

一个组织所建立和实施的质量体系，应能满足组织规定的质量目标。确保影响产品质量的技术、管理和人的因素处于受控状态。无论是硬件、软件、流程性材料还是服务，所有的控制应针对减少、消除不合格，尤其是预防不合格。这是 ISO 9000 族标准的基本指导思想，具体体现在以下几个方面。

（1）控制所有过程的质量

ISO 9000 族标准是建立在"所有工作都是通过过程来完成的"这样一种认识基础上的。一个组织的质量管理就是通过对组织内各种过程进行管理来实现的，这是 ISO 9000 族标准关于质量管理的理论基础。当一个组织为了实施质量体系而进行质量体系策划时，首要的是结合本组织的具体情况确定应有哪些过程，然后分析每一个过程需要开展的质量活动，确定应采取的有效控制措施和方法。

（2）控制过程的出发点是预防不合格

在产品生命周期的所有阶段，从最初的识别市场需求到最终满足要求的所有过程的控制都体现了预防为主的思想。例如：

1）控制市场调研和营销的质量，在准确确定市场需求的基础上，开发新产品，防止盲目开发造成不适合市场需要而滞销，浪费人力、物力资源；控制设计过程的质量，通过开展设计评审、设计验证、设计确认等活动，确保设计输出满足输入要求，确保产品符合使用者的需求，防止因设计质量问题，造成产品质量先天性的不合格和缺陷，或者给以后的过程造成损失。

2）控制采购的质量。选择合格的供货商并控制其供货质量，确保生产产品所需的原材料、外购件、协作件等符合规定的质量要求，防止使用不合格外购产品而影响成品质量。

3）控制生产过程的质量。确定并执行适宜的生产方法，使用适宜的设备，保持设备正常工作能力和所需的工作环境，控制影响质量的参数和人员技能，确保制造符合设计规定的质量要求，防止不合格品的生产。

4）控制检验和试验。按质量计划和形成文件的程序进行进货检验、过程检验和成品检验，确保产品质量符合要求，防止不合格的外购产品投入生产，防止将不合格的工序产品转入下道工序，防止将不合格的成品交付给顾客。

5）控制搬运、贮存、包装、防护和交付。在这些环节采取有效措施保护产品，防止损坏和变质。

6）控制检验、测量和实验设备的质量，确保使用合格的检测手段进行检验和试验，确保检验和试验结果的有效性，防止因检测手段不合格造成对产品质量不正确的判定。

7）控制文件和资料，确保所有场所使用文件和资料都是现行有效的，防止使用过时或作废的文件，造成产品或质量体系要素的不合格。

8）纠正和预防措施。当发生不合格（包括产品的或质量体系的）或顾客投诉时，应立即查明原因，针对原因采取纠正措施以防止问题的再次发生。还应通过各种质量信息的分析，主动地发现潜在的问题，防止问题的出现，从而改进产品的质量。

9）全员培训，对所有从事对质量有影响的工作人员都进行培训，确保他们能胜任本岗位的工作，防止因知识或技能的不足，造成产品或质量体系的不合格。

（3）质量管理的中心任务是建立并实施文件化的质量体系

质量管理是在整个质量体系中运作的，所以实施质量管理必须建立质量体系。ISO 9000族标准认为，质量体系是有影响的系统，具有很强的操作性和检查性。要求一个组织所建立的质量体系应形成文件并加以保持。典型质量体系文件的构成分为三个层次，即质量手册、质量体系程序和其他质量文件。质量手册是按组织规定的质量方针和适用的 ISO 9000 族标准描述质量体系的文件。质量手册可以包括质量体系程序，也可以指出质量体系程序在何处进行规定。质量体系程序是为了控制每个过程质量，对如何进行各项质量活动规定有效的措施和方法，是有关职能部门使用的文件。其他质量文件包括作业指导书、报告、表格等，是工作者使用的更加详细的作业文件。对质量体系文件内容的基本要求是：该做的要写到，写到的要做到，做的结果要有记录，即"写所需，做所写，记所做"的九字真言。

（4）持续的质量改进

质量改进是一个重要的质量体系要素，《追求组织的持续成功　质量管理方法》（GB/T 19004—2011）标准规定，当实施质量体系时，组织的管理者应确保其质量体系能够推动和促进持续的质量改进。质量改进包括产品质量改进和工作质量改进。争取使顾客满意和实现持续的质量改进应是组织各级管理者追求的永恒目标。没有质量改进的质量体系只能维持质量。质量改进旨在提高质量。质量改进通过改进过程来实现，以追求更高的过程效益和效率为目标。

（5）一个有效的质量体系应满足顾客和组织内部双方的需要和利益

对顾客而言，需要组织能具备交付期望的质量，并能持续保持该质量的能力；对组织而言，在经营上以适宜的成本，达到并保持所期望的质量。既满足顾客的需要和期望，又保护组织的利益。

（6）定期评价质量体系

其目的是确保各项质量活动的实施及其结果符合计划安排，确保质量体系持续的适宜性和有效性。评价时，必须对每一个被评价的过程提出以下三个基本问题：

1）过程是否被确定？过程程序是否恰当地形成文件？

2）过程是否被充分展开并按文件要求贯彻实施？

3）在提供预期结果方面，过程是否有效？

（7）做好质量管理工作关键在领导

组织的最高管理者在质量管理方面应做好以下五件事：

1）确定质量方针。由负有执行职责的管理者规定质量方针，包括质量目标和对质量的承诺。

2）确定各岗位的职责和权限。

3）配备资源。包括财力、物力（其中包括人力）。

4）指定一名管理者代表负责质量体系。

5）负责管理评审。达到确保质量体系持续的适宜性和有效性。

2. 质量管理的七项原则

在 2015 年版 ISO 9000 族标准的制定过程中，引入了质量管理的七项原则，并将其作为标准制定的基础。《质量管理体系　基础和术语》（GB/T 19000—2016）是我国按等同原则，从 2015 年版 ISO 9000 族标准转化而成的质量管理体系标准。七项质量管理原则的具体内容介绍如下。

（1）以顾客为关注焦点

组织只有赢得和保持顾客与其他相关方的信任才能获得持续成功。与顾客相互作用的每个方面，都提供了为顾客创造更多价值的机会。理解顾客与其他相关方当前和未来的需求，有助于组织的持续成功。

实施本原则要开展的活动有：识别从组织获得价值的直接顾客和间接顾客；理解顾客当前和未来的需求和期望；将组织的目标与顾客的需求和期望联系起来；在整个组织内沟通顾客的需求和期望；为满足顾客的需求和期望，对产品和服务进行策划、设计、开发、生产、交付和支持；测量和监视顾客满意情况，并采取适当的措施；在有可能影响到顾客满意的相关方的需求和适宜的期望方面，确定并采取措施；主动管理与顾客的关系，以实现持续成功。

实施本原则带来的效应有：提升顾客价值；提高顾客满意度；提高顾客忠诚度；增加重复性业务；提高组织的声誉；扩展顾客群；增加收入和市场份额。

（2）领导作用

统一的宗旨和方向的建立，以及全员的积极参与，能够使组织将战略、方针、过程和资源协调一致，以实现其目标。

实施本原则要开展的活动有：在整个组织内，就其使命、愿景、战略、方针和过程进行沟通；在组织的所有层级创建并保持共同的价值观，以及公平和道德的行为模式；培育诚信和正直的文化；鼓励在整个组织范围内履行对质量的承诺；确保各级领导者成为组织人员中的榜样；为员工提供履行职责所需的资源、培训和权限；激发、鼓励和表彰员工的贡献。

实施本原则带来的效应有：提高实现组织质量目标的有效性和效率；组织的过程更加协调；改善组织各层级、各职能间的沟通；开发和提高组织及其人员的能力，以获得期望的结果。

（3）全员积极参与

为了有效和高效地管理组织，各级人员得到尊重并参与其中是极其重要的。通过表彰、授权和提高能力，促进在实现组织的质量目标过程中的全员积极参与。

实施本原则要开展的活动有：与员工沟通，以增进他们对个人贡献的重要性的认识；促进整个组织内部的协作；提倡公开讨论，分享知识和经验；让员工确定影响执行力的制约因素，并且毫无顾虑地主动参与；赞赏和表彰员工的贡献、学识和进步；针对个人目标进行绩效的自我评价；进行调查以评估人员的满意程度和沟通结果，并采取适当的措施。

实施本原则带来的效应有：组织内人员对质量目标有更深入的理解，以及更强的加以实现的动力；在改进活动中，提高人员的参与程度；促进个人发展的主动性和创造力；提高人员的满意程度；增强整个组织内的相互信任和协作；促进整个组织对共同价值观和文化的关注。

（4）过程方法

质量管理体系是由相互关联的过程所组成的。理解体系是如何产生结果的，能够使组织尽可能地完善其体系并优化其绩效。

实施本原则要开展的活动有：确定体系的目标和实现这些目标所需的过程；为管理过程确定职责、权限和义务；了解组织的能力，预先确定资源约束条件；确定过程相互依赖的关系，分析个别过程的变更对整个体系的影响；将过程及其相互关系作为一个体系进行管理，以有效和高效地实现组织的质量目标；确保获得必要的信息，以运行和改进过程并监视、分析和评价整个体系的绩效；管理可能影响过程输出和质量管理体系整体结果的风险。

实施本原则带来的效应有：提高关注关键过程的结果和改进机会的能力；通过由协调一致的过程所构成的体系，得到一致的、可预知的结果；通过过程的有效管理、资源的高效利用及跨职能壁垒的减少，尽可能提升其绩效；使组织能够向相关方提供关于其一致性、有效性和效率方面的信任。

（5）改进

改进对于组织保持当前的绩效水平，对其内外部条件的变化做出反应，并创造新的机会，都是非常必要的。

实施本原则要开展的活动有：促进在组织的所有层级建立改进目标；对各层级员工进行教育和培训，使其懂得如何应用基本工具和方法实现改进目标；确保员工有能力成功地促进和完成改进项目；开发和展开过程，以在整个组织内实施改进项目；跟踪、评审和审核改进项目的策划、实施、完成和结果；将改进与新的或变更的产品、服务和过程的开发结合在一起予以考虑；赞赏和表彰改进。

实施本原则带来的效应有：提高过程绩效、组织能力和顾客满意度；增强对调查和确定基本原因以及后续的预防和纠正措施的关注；提高对内外部风险和机遇的预测和反应能力；增加对渐进性和突破性改进的考虑；更好地利用学习来改进；增强创新的动力。

（6）循证决策

决策是一个复杂的过程，并且总是包含某些不确定性。它经常涉及多种类型和来源的输入及其理解，而这些理解可能是主观的。重要的是理解因果关系和潜在的非预期后果。对事实、证据和数据的分析可导致决策更加客观、可信。

实施本原则要开展的活动有：确定、测量和监视关键指标，以证实组织的绩效；使相关人员能够获得所需的全部数据；确保数据和信息足够准确、可靠和安全；使用适宜的方法对数据和信息进行分析和评价；确保人员有能力分析和评价所需的数据；权衡经验和直觉，基于证据进行决策并采取措施。

实施本原则带来的效应有：改进决策过程；改进对过程绩效和实现目标的能力的评估；改进运行的有效性和效率；提高评审、挑战和改变观点与决策的能力；提高证实以往决策有效性的能力。

（7）关系管理

相关方影响组织的绩效。当组织管理与所有相关方的关系，以尽可能有效地发挥其在组织绩效方面的作用时，持续成功更有可能实现。对供方及合作伙伴网络的关系管理是尤为重要的。

实施本原则要开展的活动有：确定相关方（如供方、合作伙伴、顾客、投资者、雇员或整个社会）及其与组织的关系；确定和排序需要管理的相关方的关系；建立平衡短期利益与长期考虑的关系；与相关方共同收集和共享信息、专业知识和资源；适当时，测量绩效并向相关方报告，以增加改进的主动性；与供方、合作伙伴及其他相关方合作开展开发和改进活动；鼓励和表彰供方及合作伙伴的改进和成绩。

实施本原则带来的效应有：通过对每一个与相关方有关的机会和限制的响应，提高组织及其相关方的绩效；对目标和价值观，与相关方有共同的理解；通过共享资源和人员能力，以及管理与质量有关的风险，增强为相关方创造价值的能力；具有管理良好、可稳定提供产品和服务的供应链。

3. 建筑智能化工程质量管理中实施 ISO 9000 族标准的意义

大量的事实告诉我们，ISO 9000 族标准的发布与实施已经引发了一场世界性的质量竞争，形成了新的国际性质量大潮，特别是我国已加入世界贸易组织（WTO）的情况下，广大企业将面临国内市场和国外市场两个方面的更为激烈的竞争（国家已对外承诺开放工程管理、施工、咨询市场）。面对这个扑面而来的大潮，作为一个企业是无法回避，也别无选择的，只能责无旁贷地去迎接这场挑战，并站在以质量求生存、求发展、求效益的战略高度来正确对待学习贯彻实施 ISO 9000 族标准的工作。建筑智能化工程质量管理中实施 ISO 9000 族标准的意义主要体现在以下几个方面。

（1）为建筑智能化施工企业站稳国内、走向国际建筑市场奠定基础

认真贯彻 ISO 9000 族标准，通过质量体系认证，施工企业可以向社会、业主提供一种证明，证明施工企业完全有能力保证建筑产品的质量，从而为施工企业在国内建筑市场的激烈竞争中站稳脚跟。同时也有利于和国际接轨，参与国际建筑智能化工程的投标，为企业走向国际建筑市场创造有利条件。

（2）有利于提高建筑智能化工程的质量、降低成本

采用 ISO 9000 族标准的质量管理体系模式建立、完善质量管理体系，便于施工企业控制影响建筑智能化工程的各种影响因素，减少或消除质量缺陷的产生，即使出现质量缺陷，

也能够及时发现并能及时进行处理，从而保证建筑智能化工程的质量。同时也有利于减少材料的损耗，降低成本。

（3）有利于提高企业自身的技术水平和管理水平，增强企业的竞争力

使用 ISO 9000 族标准进行质量管理，便于企业学习和掌握最先进的生产技术和管理技术，找出自身的不足，从而全面提高企业的素质、技术水平和管理水平，提高企业产品的质量，增强企业的信誉，确保企业的市场占有率，增强企业自身的竞争力。

（4）有利于保证用户的利益

贯彻和正确使用 ISO 9000 族标准进行质量管理，就能保证建筑产品的质量，从而也保护了用户的利益。

七、质量评价标准

本项目的质量考核要求及评分标准见表 6-2。

表 6-2　质量考核要求及评分标准（六）

考核项目	考核要求	配分	评分标准	扣分	得分	备注
质量控制点的选择	能正确选择工程的质量控制点	20	质量控制点选择错误,每处扣 2 分			
质量计划的编制	1) 有明确的编制依据 2) 有明确的工程质量目标 3) 质量管理体系完善 4) 有清晰的过程控制方案	80	1) 编制依据不明确扣 10 分 2) 质量目标不明确扣 10 分 3) 缺完整的质量管理体系图扣 20 分 4) 过程控制方案不完整,每处扣 5 分			
总计						

八、项目总结与回顾

在建筑智能化工程项目中，你觉得影响工程质量的主要因素有哪些？通过什么样的手段可以提高建筑智能化工程质量？

习　题

1. 填空题

1）工程建设的目标应当是对_____的承诺和_____的体现。

2）如果对工程的_____、_____和_____都设置了质量控制点，并得到了有效控制，则这个工程的质量就有了保证。

3）全面质量管理要坚持"预防为主、防治结合"的基本思路，将管理重点放在影响工程质量的_____、_____、_____和_____等因素上。

2. 判断题

1）ISO 9000 是指质量管理体系标准，它不是单指一个标准，而是一族标准的统称。（　　）

2）对容易出现质量通病的部位，必须设置质量控制点。（　　）

3. 单选题

1）质量管理的七项原则中，首要内容是（　　）。

A. 领导作用   B. 以顾客为关注焦点

C. 持续改进   D. 全员参与

2）规定质量管理体系要求，用于证实组织具有提供满足顾客要求和适用法规要求的产品的能力，目的在于增进顾客满意度的标准是（　　　）。

A. ISO 9000   B. ISO 9001   C. ISO 9004   D. ISO 9011

4. 问答题

1）建筑智能化工程质量控制点确定的基本原则是什么？

2）建筑智能化工程质量计划的编制要求是什么？

3）建筑智能化工程事前质量控制的主要内容是什么？

4）建筑智能化工程项目验收的程序是什么？

项目七　建筑智能化工程施工成本管理

一、学习目标

1）掌握建筑智能化工程施工成本管理方案的编写方法。
2）掌握建筑智能化工程施工成本预测与施工成本计划的编写方法。
3）掌握建筑智能化工程施工成本控制的方法。
4）掌握建筑智能化工程施工成本核算与分析的方法。

二、项目导入

建筑智能化工程施工成本管理一般从项目前期的投标报价开始，直至项目竣工结算完成为止，贯穿于项目全过程。项目施工成本管理是项目管理的三个重要环节中的核心部分，是项目管理的最终目标，也是企业生存的根本所在。

建筑智能化工程施工成本是以施工项目作为成本核算对象，对施工过程中所耗费的生产资料转移价值和劳动者的必要劳动所创造价值的货币形式，包含所投入的原材料（如设备、管材及线材等）、辅助材料及零配件等的费用，周转材料的摊销费和租赁费等，以及进行施工组织与管理所发生的全部费用支出。建筑智能化工程的施工成本一般由直接成本和间接成本两部分组成。直接成本是指在施工过程中耗费的构成工程实体或有助于工程形成的各项费用支出，是可以直接计入工程对象的费用，包括材料费、人工费、施工机具使用费和措施费等。间接成本是指为施工准备、组织和管理施工生产的全部费用的支出，是非直接使用也无法直接计入工程对象，但为进行建筑智能化工程施工所必须发生的费用，包含企业管理费和规费。

施工成本管理就是在保证进度要求和满足质量要求的前提下，采取合理的成本管理措施，将成本控制在计划范围内，并通过成本分析和对比，进一步节约成本。

三、学习任务

1. 项目任务

本项目的任务是根据项目一中具体的建筑智能化工程施工项目，在满足进度和质量要求的前提下，完成以下工作：

1）在进行正确的成本预测基础上，编写施工成本计划。
2）制定施工成本管理的具体措施。

2. 任务流程图

本项目的任务流程图如图7-1所示。

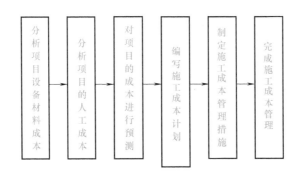

图 7-1　任务流程图（七）

四、操作指导

1. 建筑智能化工程施工成本预测

施工成本预测就是在建筑智能化工程项目中，根据与成本有关的信息和施工项目的具体情况，运用一定的成本预算方法，对未来的成本水平及其可能的发展趋势做出科学的估算。该估算一般在工程施工以前，在保证满足甲方和本企业要求的双重前提下，对建筑智能化工程施工项目进行成本估算。

该估算是建立在对建筑智能化项目图纸的整体消化，充分了解甲方对该项目整体要求的前提下的。施工成本预测是建筑智能化项目成本决策及成本计划的依据。在成本预测时需参照项目计划工期内类似完工或在建项目的相关成本，这样有助于成本预测的准确性。同时，考虑到建筑智能化工程项目的子系统较多，在参照类似完工或在建项目时，还需要考虑到子系统的种类及数量，最后与同类子系统进行参照，另外还需要注意各子系统不同品牌之间的差异性。

2. 建筑智能化工程施工成本计划的编写

施工成本计划是以货币形式编写建筑智能化工程施工项目在计划期内的生产费用、目标成本以及为降低目标成本采取的成本措施和方案。它是建立在项目部成本管理责任制、进行成本控制和核算基础上的，是降低建筑智能化工程施工目标成本的依据，是项目实施过程中控制成本的指导性文件。

（1）施工成本计划的编写要求

建筑智能化工程施工成本计划的编写应满足以下要求：

1）遵守国家及建筑智能化行业规范。

2）必须严格按照合同的约定，特别是关于工期进度及质量验收的要求。

3）满足建筑智能化系统设计图的要求。

4）满足公司制定的对项目成本目标的体要求。

5）满足定额或合同计价方式及市场价格的要求。

（2）施工成本计划的编写依据

建筑智能化工程施工成本计划的编写依据包括：

1）前期招标投标文件。

2）合同文件。

3）深化设计图、图纸会审纪要。

4）施工定额。

5）施工组织设计方案。

6）采购部提供的材料内部价格。

7）其他相关资料。

（3）施工成本计划的编写方法

编写建筑智能化工程施工成本计划时首先要确定项目的总成本目标，这要通过施工成本预测来实现。项目总成本确定后，再通过对施工组织方案的优化及分解来逐级编写施工成本计划。建筑智能化工程施工成本计划的编写方法有以下两类：

一类根据《建筑工程工程量清单计价规范》（GB 50500—2013）中安装部分定额分解而来，按清单定额组成编写。根据清单定额组成，工程造价由分部分项工程费、措施费、规费、税金及其他项目费构成。根据建筑智能化工程的自身特点，施工成本实际主要由材料费、人工费、施工机具使用费、措施费及企业管理费等组成。编写施工成本计划时就可以按照上述清单定额组成进行，即按照材料费、人工费、施工机具使用费、措施费及企业管理费这几部分分类进行编写，重点主要在材料费、人工费两部分。由于建筑智能化工程主要涉及室内普通作业，不会涉及大型机具的租借使用，因此在施工机具使用费方面相对涉及较少，措施费方面可能涉及的仅有夜间加班费等很少费用，所以针对建筑智能化工程的重点还是在材料费及人工费两方面，这也是建筑智能化工程有别于土建安装工程的地方。

另一类根据建筑智能化工程的施工进度编写施工成本计划。施工成本计划在编写时，可以将表示进度的横道图与每月发生的施工成本结合起来，从而得出规定时间内积累的施工成本。把不断积累得出的施工成本标注在图上，从而便得出时间-成本累积曲线图。时间-成本累积曲线图的编制步骤如下：

1）根据建筑智能化工程的进度情况编制施工进度横道图。

2）根据横道图，结合项目成本支出计划算出单位时间的成本，在时标网络图上按时间编制成本支出计划。

3）计算规定时间累计支出成本额，即将单位时间内计划完成的成本额累加求和。

4）按各规定时间的成本额标注在图上即形成时间-成本累积曲线图。

按照这种方式编制的施工成本计划可以让项目经理直观地看到项目资金随进度发展的需求，一方面可以从宏观上做到对项目资金的全局把控，另一方面可以在施工过程做到对项目资金的动态调整，一旦发现项目资金出现紧缺，可以通过进度进行调整。

（4）施工成本计划的主要内容

建筑智能化工程施工成本计划的主要内容有：

1）编制说明。主要是指建筑智能化工程的项目概况、合同条件（工程范围、合同总额、承包方式、付款条件、工期及质量要求等）、公司对项目经理的目标成本要求、参照的相关规范等。

2）施工成本计划的指标。建筑智能化工程施工成本计划的指标主要从两个方面进行考核，一方面是"工程量"，另一方面是"工程金额"。

工程量是指根据甲方的技术要求，通过对建筑智能化工程图纸进行详细的统计得出的各种设备、线材、管材及其他材料对应的数量。该数量在计算时不仅要考虑平面图纸上的标注部分，还需要结合实际考虑设备安装高度、隐蔽性等各方面因素。该工程量是公司对项目部进行成本计划控制的一种简单直接的指标，也是比较直观有效的控制模式。

工程金额是在工程量的基础上，套用企业内部定额或清单定额得出一个总金额，这个总金额就是施工成本计划的另一个考核指标。一般公司在对项目部进行考核时均采用企业内部定额套出的总金额作为指导和考核项目部的指标，而利用清单定额得出的指标则作为公司的参考性指标。这是成本计划控制的上限，一般除非特殊原因，否则不能超越该指标。

3. 建筑智能化工程施工成本控制的要求、依据和步骤

施工成本控制是指在建筑智能化工程的施工中，对影响施工成本的各种不利因素加以有效管理，并采取必要的措施，将施工过程中已发生的各种消耗和支出严格控制在成本计划范围内。通过在过程中的不断审核、比较与成本计划指标之间的差异，并采取有效的措施及时纠正出现的成本偏差，从而达到有效的成本控制效果。

施工成本控制是建筑智能化项目实施过程中的核心环节，贯穿于项目的投标阶段、工程实施过程直至项目的竣工验收阶段。建筑智能化工程施工成本控制从成本计划开始，在执行控制的过程中需严密结合与甲方所签订的合同文件，合同文件和成本计划是成本控制的目标。施工进度报告、过程变更（设计变更、技术变更单及签证等）及索赔资料是施工成本控制过程中的动态资料。

（1）施工成本控制的要求

施工成本控制应满足下列要求：

1）采购方面。严格按照成本计划中的采购价格对材料的采购进行控制，现场库房管理人员对进场设备的质量、品牌及产地进行严格把关，必须与合同清单一一对应。

2）现场库房管理方面。必须对进出库房的材料进行严格登记造册，加强对现场堆放材料的巡视，避免材料的浪费。

3）建立项目经理责任制管理模式。对施工成本的控制实行以项目经理为首的责任制度，建立从项目经理到项目部各级管理人员关于成本控制的奖惩制度，以增强项目部各级人员的成本意识。

4）财务管理制度的健全。公司的财务管理制度方面必须健全对项目部各级人员涉及项目资金及费用的支付及审核权限，建立财务监督体制，避免出现项目费用乱报及项目资金缺口。

（2）施工成本控制的依据

建筑智能化工程施工成本控制的主要依据有以下几个方面：

1）施工成本计划。建筑智能化工程施工成本计划是在施工前期准备阶段，结合项目各方面因素得出的可行性计划，它一方面包含了项目的总体成本控制目标，另一方面又列出了为实现这一总目标需采取的相应措施和方案。因此，施工成本计划是成本控制的总体规划，是成本控制的指导性文件。

2）合同文件。建筑智能化工程的施工成本控制要以合同文件为依据。这里所指的合同文件不仅包括与甲方签订的工程合同，还应包含所有招标投标文件（即招标文件、招标图纸、招标技术要求、投标文件及投标过程中往来的函件等）。施工过程中成本控制需围绕着预测成本与实际成本之间的比较差异来开展。当实际成本高于预算成本时，则需立即分析找出成本超支的原因，马上进行纠偏。

3）成本进度报告。建筑智能化工程的成本进度报告能及时反映一个时间段内项目的实际成本支出情况，是施工项目成本动态控制的关键所在。成本管理人员会将成本进度报告与施工成本计划中该阶段相对应的预算成本进行比较分析，及时找出产生成本偏差的原因并进行纠正，从而保证成本计划的顺利执行。

4）工程变更。在建筑智能化工程的施工过程中，发生工程变更是不可避免的。工程变更的形式也是多样的，如设计变更、技术核定、经济签证等。根据合同模式的不同（总价包干合同或按实结算的单价包干合同），工程变更又分为可计入结算的变更和不可计入结算的变更。不可计入结算的变更在总价包干合同内经常遇到，只要是在总价包干的合同范围内，一般的变更都不会计入结算。但不管是哪种变更，对整个工程来说都会涉及项目成本的变更和进度的调整，因此都会使成本控制工作变得更加复杂和困难。这就要求成本管理人员在前期编制施工成本计划阶段需结合该项目的具体情况提前考虑后期可能存在的一些工程变更，将控制预案及措施考虑在成本计划中；另一方面，在发生变更时，能及时有效地做好变更手续，调整因为变更可能带来的成本、进度方面的改变。

（3）施工成本控制的步骤

建筑智能化工程施工成本控制在参照上述主要依据的前提下，在实施过程中必须定期对施工成本计划与实际成本进行比较、分析，及时找出产生成本偏差的原因，采取果断措施进行纠偏，以保证施工进度的顺利开展及最终成本目标的实现。施工成本控制的步骤总结起来有以下五个步骤：

1）比较。即将阶段性的实际成本与计划成本中的预算成本进行比较，得出是否超支。

2）分析。即找出严重性超支的原因，以便及时调整策略，纠正造成成本超支的措施，减少和降低损失。这一步是成本控制的核心。

3）预测。即按照完成情况或纠偏后的方案预测总成本费用。

4）纠偏。即在找出造成成本偏差的原因后采取适当的措施，减少和降低因偏差造成的损失和影响。

5）检查。即对工程的进展进行跟踪和检查，特别是在纠偏措施后进行复查相当重要。

4. 建筑智能化工程施工成本控制的方法

建筑智能化工程成本管理与控制的基本原理是将项目成本计划值作为工程项目成本管理与控制的目标值，再将工程项目建设进展过程中的实际支出额与费用与控制目标值进行比较，通过比较找出它们之间的偏差，从而采取切实有效的措施纠正偏差或调整目标值。施工成本控制的方法如下。

（1）开源与节流

通过开源与节流使工程项目的净现金流（现金流入减去现金流出）最大化。开源是增大项目的现金流入，节流是控制项目的现金流出。开源与节流是工程项目成本控制最基本的方法。在建筑智能化工程项目建设期，开源表现为扩大项目融资渠道，保证项目能够筹集足够的建设资金；节流表现为使融资成本或代价最低，最节省地实现项目的必要功能。

在我国，建筑智能化工程的成本管理一直是项目管理的弱项，"开源"和"节流"总是说得多、做得少。例如，在项目实施前期，由于没有进行深入的调查研究，不能准确估算（通常都是估算值过低）为完成工程项目活动所需的资源成本，盲目乐观，对工程项目建设资金的作用认识不够，筹措不力，造成开源不足的局面；也有的发包人在筹建国家重点项目时，在知道项目经费严重不足的情况下，故意压低工程项目的成本估算，弄虚作假，以超低的成本估算作为诱饵，获得上级领导对项目的支持，顺利通过项目审批立项，导致开工不久资金链断裂，工程建设难以为继，于是只能多次向上级申请资金，最后形成旷日持久的钓鱼工程；还有些工程项目的发包人，于是项目资金"源"自政府或股东，便盲目挥霍；甚至有些工程项目根本没有认真进行成本估算和成本计划，没有检查分析项目现金流和财务执行情况，决策失误就在所难免了。

（2）建立项目全面成本管理的责任体系

根据《建设工程项目管理规范》（GB/T 50326—2017）的规定，企业应建立健全项目全面成本管理责任体系，明确业务分工和职责关系，把管理目标分解到各项技术工作、管理工作中。项目经理部的成本管理应是全过程的，包括成本计划、成本控制、成本核算、成本分析和成本考核。项目全面成本管理责任体系包括企业管理层和项目管理层两个层次。企业管理层负责全面成本管理的决策，确定项目合同价格和成本计划，确定项目管理层的成本目标；项目管理层负责成本管理，实施成本控制，实现项目管理目标责任书中的成本目标。

（3）进行全方位的成本管理和控制

建筑智能化系统是一个复杂的综合系统，包含几十个子系统，如通信网络系统、电话电视系统、广播音响系统、建筑设备监控系统、火灾自动报警及消防联动控制系统、安全防范系统、综合布线系统、智能化系统集成等，需要充分考虑各个子系统的协同动作、信息共享和集成。

建筑智能化工程实施过程一般是许多单位参与、协同合作工作的过程。也就是说，发包人、设计单位、承包人、施工单位、监理单位、供货单位、制造单位等，都在工程项目成本控制中发挥自己的作用，并建立各自的项目成本管理责任制。

建筑智能化工程全方位成本管理的做法：从工程项目建设整体的、系统的角度出发，将项目成本管理的责任和措施落实到每一个子系统及其涉及的所有单位，由项目监理单位负责各个子系统相关单位之间的协调作用，以及项目整体的综合管理。通过请示、汇报、审核、签证、协商、会议、定期例会等方式将项目成本管理工作纳入规范化的渠道。

（4）进行全过程的成本管理和控制

项目成本管理贯穿于建筑智能化工程建设的全过程。项目费用的全过程控制要求成本控制工作要随着项目实施进展的各个阶段连续进行，既不能疏漏，又不能时紧时松，应使建筑智能化工程费用自始至终置于有效的控制之下。也就是说，通过项目监理单位运行组织措施、技术措施、经济措施和合同措施等，将各个阶段的各项成本控制在规定计划目标内，从而实现整个项目成本管理和控制的目标。

具体地说，组织措施包括明确项目组织结构、建立各个单位成本管理制度和明确有关人员的职责与权限；技术措施包括认真审查项目可行性报告、用户需求分析报告、系统设计方案和图纸、施工组织、检测设备等，研究和推广新技术、新工艺、新材料、新结构，最大程度地节约费用；经济措施包括动态地比较项目费用的计划值和实际值，严格审核各项费用支出，采取经济奖惩措施等；合同措施包括严格审核工程承包合同、各类供货合同、施工安装合同中的标的和付款方式等条款，在发现有关质量问题时发包人依据合同据理力争挽回损失。

五、问题探究

1. 建筑智能化工程施工成本管理的特点

建筑智能化工程与其他建设工程相比，有很多不同的特点，认识和掌握这些特点，针对各个不同建筑智能化工程的具体情况，采取合适的成本管理制度，对做好工程建设是非常重要的。

（1）成本管理与工程环境密切相关

建筑智能化工程项目属于工程商品类，工程商品与很多其他普通类型的商品不同，任何一个建筑智能化工程都是在不同的地点、不同的环境下开发建设的不同系统，每次开发建设都面临不同的要求和情况，最终产品是独特的、不同的。因此，工程商品只能每次单独设计、施工生产，不能整体批量制作。在建筑智能化工程实施过程中，由于内外环境不断变化，造成项目费用也随之变化。这样，建筑智能化工程施工成本管理必须根据项目内外部环境变化，对项目成本管理措施做出调整，以保证项目成本的有效控制和监督。

（2）项目成本管理过程长

建筑智能化工程项目通常按月计工作进度，与大多数产品比较，它不仅工程建设周期长，而且中间变数多，项目变更多。这就造成建筑智能化工程施工成本管理是一个动态过程，即工程的施工成本管理要根据用户需求的变更、设计变更、合同变更和人员变更等变化，修正其项目资源计划、成本估算和成本计划等，不断对项目费用的组织、控制做出调整，以便对项目成本进行有效控制。

（3）项目费用分期分阶段支付

建筑智能化工程具有建设工期长、资金量大等特点，首先决定了它不可能作为现货出售，而是一种期货商品，必须预先定价，进行成本估算和预算、签订合同价格等；其次作为工程商品，其建设过程与支付过程统一，即边建设边支付，与很多其他普通类型商品的"一手交钱一手交货"不同，建筑智能化工程费用要根据分期分阶段支付的特点进行管理和控制。

（4）施工成本管理是一项系统工程

建筑智能化工程施工成本管理横向可分为项目的资源计划、成本估算、成本计划、财务决算、统计、质量和信誉等；纵向可分为组织、成本控制、成本分析、跟踪核算和考核等，由此形成一个建筑智能化工程项目成本管理系统。

（5）施工成本管理的主体是项目经理部

一般商品必须通过产品与货币流通过程才能进入消费领域，因而价值构成中包含商品在流通过程中支付的各种费用。而建筑智能化工程建设则不然，它竣工后一般不在空间上发生物理运动，直接移交用户，立即进入消费，因而价值构成中不包含商品流通费用。建筑智能化工程项目经理部对项目从开工到竣工全过程的一次性管理，决定了项目成本管理的内容，必须进行一次性和全过程的成本控制，充分体现"谁承包谁负责"，并与承包人的经济利益挂钩的原则。

（6）施工成本管理的相对封闭性

建筑智能化工程施工成本管理的组织、实施、控制、反馈、核算、分析、跟踪（核实）和考核等过程，以工程项目为单位，构成相对封闭式循环系统，周而复始，直至工程项目竣工交付使用为止。

2. 建筑智能化工程施工成本管理的体制

建筑智能化工程施工成本管理的目的在于降低项目成本，提高经济效益。根据我国有关法律法规的规定，建筑智能化工程建设实行"一个体系、两个层次、三个主体"的管理体制。其工程项目成本管理的特点突出体现了项目管理中加入监理工程师这个中介，监理工程师作为工程项目的调控中心，在费用方面具有支付额调整、签认的权力。

（1）工程费用由承包人申请和使用

工程商品是承包人出卖给发包人的产品，其成本（即工程费用）也主要由承包人使用。根据工程承包合同的约定，当工程项目建设进展到一定阶段时，进行工程量测量和计算，由承包人向发包人提出申请支付进度款的报告。经监理工程师对工程计量和质量的审核确认，并在进度款申请报告上签字认可后，发包人才同意支付。

（2）监理工程师签认

在建筑智能化工程项目实施过程中，监理工程师对承包人已经完成的工程数量和质量做出价值计算，对其工作价值进行签认和证实，对施工过程中发生的其他各种意外情况进行记录和分析，并就承包人所遭受的损失做出估算和证实。这就是监理工程师的所谓"支付权"，它是监理工程师完成监理工作的最终、最重要的调控手段。

（3）发包人支付

发包人在承包人完成了既定工作任务，达到了工程承包合同的要求，经监理工程师确认其价值后，应向承包人支付工程费用。

3. 建筑智能化工程施工成本管理的作用和意义

建筑智能化工程施工成本管理主要是在批准预算条件下确保项目按时、保质、保量地完成。建筑智能化系统工程项目成本管理的意义和作用在于促进改善经营管理，提高管理水平，合理补偿施工耗费，保证企业再生产的顺利进行。具体表现为：

1）施工成本管理的核心是工程计量和支付，它是确保工程质量和进度的重要手段。施工成本管理的作用就是尽可能合理减少工程量清单和设备清单中所列费用以外的附加支出（附加工程索赔、意外风险），以达到控制工程费用的最佳效果。所以应对工程费用的组成进行认真分析，明确工程量和设备清单的内容与作用，运用正确、合理的计量支付标准和方法，使项目的实际成本控制在预算范围内。尤其要注重对项目的成本控制，以提高经济效益。

2）建筑智能化工程施工成本管理是涉及多个部门的一项综合性工作。现代化大生产要求对企业内部的工程项目成本实行全过程的系统管理。因此，加强工程项目成本管理，对于提高工程项目的经济效益和社会效益、实施经济核算、提高决策水平、协调项目工程内外部关系、动员全体职工积极工作、落实各种承包责任制都具有重要的作用。

3）企业的活力源泉在于劳动者的积极性和创造性的发挥。实行项目成本管理（即费用责任制）将劳动者的利益和责任紧密地联系在一起，奖惩兑现，有利于调动职工积极性，从而达到降低成本、提高经济效益、增强企业发展后劲的目的。

4）实现项目成本管理，各项目费用责任人（或项目经理部）与企业内部各部门、单位所提供的人力、物力、财力等全部实行有偿使用，在内部纵横向关系中形成了以工程项目经理部为中心的各部门、各单位之间的相互连接、相互协作、相互制约关系，单位和部门之间的往来，均依据合同办事，经济关系得到进一步理顺。

5）实现项目成本管理，扩大了项目经理部的自主权，公司由原来的直接指挥变为监督、控制、考核，这就要求公司各职能部门要有新的检测、控制手段来进行有效管理，从而促进公司管理工作的提高。

6）在实行项目成本管理过程中，工程项目成本的高低直接反映了工程项目的综合指标。这就要求工程项目责任者要具有必备的专业技术水平和管理能力，并在实践中不断积累经验，从而推动企业管理人才的培养和锻炼。

六、知识拓展与链接

1. 施工成本管理的赢得值法

赢得值法（Earned Value Management，EVM）是一种能全面衡量工程进度、成本状况的整体方法，其基本要素是用货币量代替工程量来测量工程的进度。它不以投入资金的多少来反映工程的进展，而是以资金已经转化为工程成果的量来衡量，是一种完整、有效的工程项目监控指标和方法。赢得值法作为一项先进的项目管理技术，其核心内容为三个基本参数和四个评价指标，具体如下。

（1）三个基本参数

1）已完工作预算费用。已完工作预算费用（Budgeted Cost for Work Performed，BCWP）是指到某一时刻为止已经完成的工作，以批准认可的预算为标准所需要的资金总额。这就是通常所说的阶段性"产值"，又称进度款。由于业主正是根据这个值为承包人完成的工作量支付相应的费用，即承包人获得（挣得）的金额，故称赢得值或挣值。

$$已完工作预算费用（BCWP）＝已完工作量×预算单价 \qquad (7\text{-}1)$$

2）计划工作预算费用。计划工作预算费用（Budgeted Cost for Work Scheduled，BCWS）是指根据进度计划到某一时刻为止完成的工作，以预算为标准所需要的资金总额。一般来说，除非合同中综合单价有调整，否则计划工作预算费用在施工过程中保持不变。

$$计划工作预算费用（BCWS）＝计划工作量×预算单价 \qquad (7\text{-}2)$$

3）已完工作实际费用。已完工作实际费用（Actual Cost for Work Performed，ACWP），是指到某一时刻为止已完成的工作所实际花费的总金额。

$$已完成工作实际费用（ACWP）＝已完成工作量×实际单价 \qquad (7\text{-}3)$$

（2）四个评价指标

1）费用偏差（Cost Variance，CV）。

$$费用偏差（CV）＝已完工作预算费用（BCWP）-已完工作实际费用（ACWP） \qquad (7\text{-}4)$$

当费用偏差（CV）为负值时，表示项目运行超支；当费用偏差 CV 为正值时，表示项目运行节支，实际费用没超过预算费用。

2）进度偏差（Schedule Variance，SV）。

$$进度偏差（SV）＝已完工作预算费用（BCWP）-计划工作预算费用（BCWS） \qquad (7\text{-}5)$$

当进度偏差 SV 为负值时，表示进度延误，即实际进度落后计划进度；当进度偏差 SV 为正值时，表示进度提前，即实际进度快于计划进度。

3）费用绩效指数（Cost Performance Index，CPI）。

$$费用绩效指数（CPI）＝已完工作预算费用（BCWP）/已完工作实际费用（ACWP） \qquad (7\text{-}6)$$

当费用绩效指数（CPI）<1 时，表示超支，即实际费用高于预算费用；当费用绩效指数（CPI）>1 时，表示节支，即实际费用低于预算费用。

4）进度绩效指数（Schedule Performance Index，SPI）。

$$进度绩效指数（SPI）＝已完工作预算费用（BCWP）/计划工作预算费用（BCWS） \qquad (7\text{-}7)$$

当进度绩效指数（SPI）<1 时，表示进度延误，即实际进度落后计划进度；当进度绩效指数（SPI）>1 时，表示进度提前，即实际进度比计划进度快。

由上述内容可以看出，费用（进度）偏差反映的是绝对偏差，结果很直观，仅适合在同一项目中进行偏差分析；费用（进度）绩效指数反映的是相对偏差，不受项目层次及实施时间的限制，因此在同一项目或不同项目比较中均可采用。

采用赢得值法可以有机地将项目进度和费用结合起来进行比较、分析和控制。当费用超支时，可以很清晰地知道是费用超出预算还是进度提前造成的超支。

2. 施工项目成本核算

施工项目成本核算可分为定期成本核算和竣工工程成本核算。

定期成本核算可以按每天、每周及每月进行，一般以月为单位进行成本核算，这正好可以与施工过程中每月向甲方报的进度款形成比较分析。这里的月成本核算即前面成本控制中提及的已完工作实际费用（ACWP），向甲方报的进度款即已完工作预算费用（BCWP），再加上施工成本计划中对应该阶段的计划工作预算费用（BCWS），根据这三项指标采用赢得值法可以分析出成本核算数据，确定这一阶段是否超支，是否满足成本计划要求。

竣工工程成本核算主要发生在竣工验收后，向甲方报整个工程结算前。竣工工程成本核算的作用分为以下两个方面：一方面是作为项目经理部的考核依据，另一方面也是为了向甲方报结算做充分的内部准备。因为向甲方报的结算应高于该项目的总成本，而只有先做好内部的竣工成本结算，才能最终得出该项目的总成本。

成本核算的主要步骤如下。

（1）统计材料设备的数量

项目的库房管理非常重要，如项目离公司较近，可分为现场库房和公司库房。在定期核算时，统计材料设备的数量，需公司成本管理人员首先对项目库房进行盘库清理出入库数量清单，然后根据公司库房的入库数量清单与公司库房的出库数量清单进行对比、核查，检查数量是否一致。其项目投入使用的材料设备数量计算公式为

$$项目投入使用的材料设备数量 = 公司出库数量清单 - 现场库房的盘库清单 \qquad (7\text{-}8)$$

如项目离公司较远，项目设置独立库房，所有设备均由厂家直接运抵项目现场库房，项目库房需建立完整的出入库记录。在项目进行定期核算时，公司成本管理人员需与现场库管员一起盘点数量，核对确认无误。其项目投入使用的材料设备数量计算公式为

$$项目投入使用的材料设备数量 = 现场库房入库数量 - 现场库房的盘库剩余数量 \qquad (7\text{-}9)$$

其中，现场库房的入库数量应与供应商返给公司采购部的送货单一致，这样就确保了统计得出的材料设备数量的准确性。

（2）根据采购单价计算出材料设备的成本费

公司采购部在采购材料设备的过程中，一方面应与供应商洽谈好材料设备的价格，确保做到"物美价廉"，另一方面还应尽量在付款方式上有一定的优惠，如要求供应商给予一定的付款周期，这样可以尽量减少项目的周转资金压力。除此之外，采购部还需和公司成本管理人员配合将材料和设备的采购成本单价录入项目的材料成本库，这样当项目需定期进行核算时，根据该阶段项目投入使用的材料和设备数量清单，套入项目材料成本库的单价，即可得出项目的材料成本费。项目定期材料和设备成本费的计算公式为

$$项目定期材料和设备成本费 = 项目投入使用的材料和设备数量 \times 采购成本单价 \qquad (7\text{-}10)$$

（3）根据施工定额算出项目的人工成本费

建筑智能化工程施工定额的控制有其自身的特殊性，施工费的高低不仅受项目自身地理位置、项目规模、项目类型等因素的影响，与项目的子系统类型多少、系统涉及的不同品牌、企业管理模式等有关。施工费没有一个固定的标准，每个企业的施工定额或许都不一致，建立企业的施工定额是一个长期积累的过程。需求企业接触不同的项目、不同的施工队伍来积累总结适合企业自身规模和发展的施工定额。有了这样的施工定额，企业才能够核算出适合自身发展的人工成本费。其人工成本费的计算公式为

$$项目定期人工成本费 = 项目定期投入使用的材料和设备数量 \times 施工定额 \qquad (7\text{-}11)$$

（4）结合企业自身情况计算其他费用

根据施工成本核算的基本内容，成本核算还包括了施工机具使用费、企业管理费、措施费等费用。根据建筑智能化工程自身的特点，一般在施工机具使用费、企业管理费及措施费方面涉及很少，在计算时根据企业自身情况仅做一般的估算处理。

3. 施工项目成本分析

施工项目成本分析的核心就是偏差分析。偏差分析就是利用比较法通过技术经济指标的对比，检查目标完成情况，分析产生差异的原因，进而挖掘内部潜力的方法。

（1）建筑智能化工程成本偏差的原因

在进行偏差原因分析时，应将已经导致或可能导致偏差的各种原因归纳总结，找出共同点。建筑智能化工程可能导致偏差的原因有：

1）设计方面的原因。设计图不详细，图纸未进行深化设计；设计方案不完整，有缺陷；设计各子系统的品牌未明确，价格差异明显。

2）甲方原因。甲方增加施工内容；甲方未及时提供施工条件；甲方内部协调不到位。

3）施工原因。施工组织设计方案不合理、施工工艺质量出现问题、工期受到各种因素影响拖延、抢工期、材料出现质量问题，这些都会造成返工，增加成本。

4）物价上涨原因。最常见的是人工费和材料费的上涨。

（2）建筑智能化工程成本偏差的纠正措施

当施工成本出现偏差时，首先要找出产生偏差的原因，然后因地制宜地采取恰当的措施进行纠偏。只有采取的措施比原来的措施更为有利，或使工作量减少，或使生产效率提高，成本才能降低。在建筑智能化工程中采取的纠偏措施有：

1）对设计图进行优化，选择更好的技术方案。

2）甲方增加的工程内容需办理变更或签订补充合同。

3）加强施工过程质量控制，采取合理的施工方案。

4）加强现场的材料管理，坚决杜绝非合格产品进场。

5）在甲方同意的前提下，选择与企业长期合作的供应商品牌。

（3）阶段性成本分析

在建筑智能化工程中，根据项目签订的合同付款方式，一般分为按月进度收取进度款或按施工阶段收取进度款（如穿线完成、设备进场、设备安装调试完毕等）。与此相对应，在施工成本控制过程中，相应引入月进度或阶段性进度成本分析。通过成本分析，可以比照企业该月或该阶段的工程回款进行过程成本比较和分析，及时发现成本的超支或节支。月进度或阶段性成本分析的依据是月进度或阶段性进度成本报告，分析方法为：

1）比较实际成本与预算成本，分析该月或该阶段的成本降低水平；比较累计实际成本与累计预算成本，分析累计成本的降低水平，预测项目成本目标的发展趋势和前景。

2）比较实际成本与成本计划中的目标成本，发现并找出偏离目标成本的原因，进而采取有效的成本纠偏措施，以保证目标成本的实现。

3）加深对该月或该阶段成本偏差原因的分析，找出其中造成成本偏差的费用部分。如因为人工费超支，则需加大对施工队伍的管理，改进施工队伍的管理措施；如因为材料超支，则需进一步核实材料超支的原因或造成材料采购价格偏高的原因。总之，必须将造成成本偏差的原因进行深层次的挖掘和分解，找出最终造成偏差的最根本原因，提出解决办法。

4）通过对技术方案或技术性施工措施的分析，寻求更优化的方案来降低成本。

（4）年度成本分析

年度成本分析不仅是企业成本年度结算的要求，同时也是项目成本管理的需要。项目成本管理时以项目的寿命周期为主线，项目的寿命周期有可能是几个月、一年甚至更长。项目成本分析过程中有了以月进度或阶段性进度分析，但年度成本分析对项目的成本控制来说也是不可缺少的一部分。一方面，项目的年度成本分析是为了满足企业汇编年度成本报表的需要；另一方面，项目的年度成本分析也是项目成本管理的需求。通过年度成本分析，可以总结一年来项目成本管理成功和失败的地方，从中进行归纳总结，这对于来年的项目成本管理将起到不可低估的作用。

企业年度成本分析的依据是年度成本报表，其主要目的是总结过去一年来项目成本管理的各项措施落实情况及起到作用的大小，以便决定在来年的成本管理上决定哪些措施该加强，哪些措施该调整，只有这样才能保证来年项目成本目标的顺利实现。

（5）竣工成本分析

建筑智能化工程的竣工成本分析是在项目竣工验收后，在企业向甲方报工程结算资料前必须完成的工作。竣工成本分析的目的，一方面是企业对项目经理部进行成本考核的需要，对项目经理部经验效益进行综合分析；另一方面，也是企业对项目进行成本管理经验积累的需要。项目竣工分析应包括竣工成本分析、材料及人工节超对比分析、主要技术措施及经济效益分析三方面内容。通过以上分析，可以从中挖掘出项目成本控制的关键环节，总结出控制成本及纠偏的相关措施，便于以后项目的成本管理。

七、质量评价标准

本项目的质量考核要求及评分标准见表7-1。

表 7-1　质量考核要求及评分标准（七）

考核项目	考核要求	配分	评分标准	扣分	得分	备注
施工成本计划的编写	1）成本计划与进度计划相匹配 2）成本计划中材料和设备数量与项目合同中一致 3）成本计划中的人工费与项目的工程量一致 4）成本计划的编制说明及指标完整准确	50	1）成本计划与进度计划不一致，每处扣5分 2）成本计划中材料和设备数量与合同不一致，每处扣5分 3）成本计划中的人工费与项目的工程量不一致，每处扣5分 4）成本计划中的编制说明及指标不完整，每处扣5分			

（续）

考核项目	考核要求	配分	评分标准	扣分	得分	备注
施工成本控制方案的编写	1）成本控制的机构完善 2）成本控制的制度完善 3）成本控制的方法正确 4）成本控制的措施有效	50	1）机构不完善，扣 10 分 2）制度不完善，扣 10 分 3）方法不正确，每处扣 5 分 4）措施无效，每处扣 5 分			
总计						

八、项目总结与回顾

通过该项目的学习，你觉得施工成本控制失败的主要原因是什么？对于施工企业来说，施工成本控制的作用和意义是什么？

习　题

1. 填空题

1）项目经理部的成本管理应是全过程的，包括成本_____、成本_____、成本_____、成本_____和成本_____。

2）成本管理的核心是_____和_____，它是确保工程质量和进度的重要手段。

3）赢得值法（Earned Value Management，EVM）是一种国际上先进的项目管理技术，其核心内容为_____个基本参数和_____个评价指标。

4）施工成本核算可分为_____成本核算和_____成本核算。

2. 判断题

1）在建筑智能化工程的成本管理中，成本管理人员作为工程项目的调控中心，在费用方面具有支付额调整、签认的权力。（　　　）

2）合同文件和成本计划是成本控制的目标。（　　　）

3）企业年度成本分析的依据是年度成本报表。（　　　）

4）竣工工程成本核算主要发生在竣工验收前，是竣工验收的重要资料。（　　　）

3. 单选题

1）只要是在合同范围内，一般的变更都不会计入结算，这属于（　　　）。

A. 按实结算　　　　B. 总价包干　　　　C. 固定单价　　　　D. 审计结算

2）施工（　　　）是建筑智能化项目成本决策及成本计划的依据。

A. 成本控制　　　　B. 成本核算　　　　C. 成本预测　　　　D. 成本分析

4. 问答题

1）施工成本计划的编写依据是什么？

2）施工成本控制的要求有哪些？

3）施工成本控制的依据是什么？

4）施工成本控制的五个步骤是什么？

5）建筑智能化工程施工成本控制的主要特点是什么？

6）建筑智能化工程施工成本管理的体系是什么？

7）建筑智能化工程施工成本管理的作用和意义有哪些？

8）施工项目成本核算的主要步骤有哪些？

9）施工项目成本分析有哪些类型？各自的作用是什么？

项目八　建筑智能化工程职业健康安全与环境管理

一、学习目标

1）掌握建筑智能化工程职业健康安全管理的基本方法。
2）掌握建筑智能化工程文明施工与环境保护的管理方法。
3）掌握安全管理方案和文明施工方案的编写方法。

二、项目导入

　　健康是指劳动者身体上没有疾病，精神上保持一种完好的状态；安全是指在劳动生产过程中，努力改善劳动条件，克服不安全因素，使劳动生产在保证劳动者生命安全健康、企业财产不受损失的前提下顺利进行。职业健康安全状况是经济发展和社会文明程度的反映。使所有劳动者获得安全与健康，是社会公正、安全、文明、健康发展的基本标志，也是保持社会安定团结和经济可持续发展的重要条件。

　　项目环境是指与项目密切相关的，影响人类生活和生产活动的各种自然力量或作用的总和。它不仅包括自然因素的组合，还包括人类与自然因素间相互形成的生态关系的组合。项目环境管理就是用现代管理的科学知识，通过努力改进劳动和工作环境，有效地规范生产活动，进行全过程的环境控制，是劳动生产在减少或避免对环境造成不利影响的前提下顺利进行而采取的一系列管理活动。

三、学习任务

1. 项目任务
本项目的任务是根据项目一中的建筑智能化工程项目的特点，完成以下工作：

1）编写项目的安全生产管理方案。
2）填写项目安全技术交底记录卡。
3）编写项目的文明施工和环境保护方案。

2. 任务流程图
本项目的任务流程图如图8-1所示。

四、操作指导

1. 建筑智能化工程安全生产管理方案的编写
　　建筑智能化工程的安全管理是指在施工过程中，组织安全生产的全部管理活动。通过对生产因素具体状态

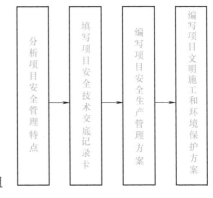

图 8-1　任务流程图（八）

进行控制，使生产因素不安全的行为和状态减少或消除，不致引发事故，尤其是不引发使人受到伤害的事故。

建筑智能化工程生产的特点是手工操作、高空作业多、经常流动、现场环境复杂、施工条件较差、故容易发生事故，因此做好安全生产是施工企业的主要工作。

（1）安全管理的基本原则

安全管理是企业生产管理的重要组成部分，是一门综合性的系统科学。安全管理是对生产中的一切人、物、环境的状态进行管理与控制，是一种动态管理。为了有效地将生产因素的状态控制好，实现安全生产，在实施安全管理的过程中，必须坚持以下六项基本管理原则：

1）管生产同时管安全。安全寓于生产中，并对生产起到促进和保证作用。安全与生产虽然有时会出现矛盾，但从安全、生产管理的目标和目的来看，则表现为高度一致和完全统一。

安全管理是生产管理的重要组成部分，安全与生产在实施过程中存在着密切的联系，存在着共同管理的基础。

2）坚持安全管理的目的性。安全管理的目的是消除或避免事故，保护劳动者的安全与健康。没有明确目的的安全管理是一种盲目行为，盲目的安全管理只能是表面文章，劳民伤财，实际上危险依然存在。从一定意义上讲，盲目的安全管理只能纵容威胁人身安全与健康的状态向更为严重的方向发展转化。

3）必须贯彻预防为主的原则。安全生产的方针是"安全第一，预防为主"。安全第一是从保护劳动者的角度和高度出发，表明在生产范围内安全与生产的关系，肯定了安全在生产活动中的位置和重要性。

贯彻预防为主的方针，首先要端正对生产中不安全因素的认识，端正消除不安全因素的态度，选准消除不安全因素的时机。在安排与布置生产内容时，针对施工生产中可能出现的危险因素，采取措施予以消除。在生产活动中，经常检查、及时发现不安全因素，采取措施，明确责任，尽快坚决地予以取消，是实现安全管理应有的鲜明态度。

4）坚持"四全"动态管理。安全管理不是少数人和安全机构的事，而是一切与生产有关的人共同的事。缺乏全员参与，安全管理不会出现好的管理效果。只有一切与生产有关的人和机构密切合作，才能够实现安全管理，保证生产的顺利进行。

安全管理涉及生产活动的方方面面，涉及从开工到竣工交付全部生产过程，涉及全部的生产时间，涉及一切变化的因素。因此，生产活动中必须坚持全员、全过程、全方位、全天候的动态安全管理。

5）安全管理重在控制。进行安全管理的目的是预防、消灭事故，防止或消除事故伤害，保护劳动者的安全与健康。其中对生产因素状态的控制，与安全管理目的的关系更直接。因此，对生产中人的不安全行为和物的不安全状态的控制，必须看作是动态安全管理的重点。事故的发生缘于人的不安全行为与物的不安全状态的交叉。从事故的发生原理来看，也说明了对生产因素状态的控制，应当作为安全管理的重点，而不能把约束当作安全管理的重点，这是因为约束缺乏带有强制性的手段。

6）在管理中发展、提高。安全管理是在变化着的生产活动中的管理，是一种动态管理，这意味着管理是不断发展、不断变化的，以适应变化的生产活动，消除新的危险因素。

然而，更为重要的是不间断地摸索新的规律，总结管理、控制的方法与经验，指导新的变化后的管理，从而使安全管理不断地达到新的高度。

（2）建立安全管理的生产责任制

建筑智能化工程管理承担控制、管理施工生产进度、成本、质量、安全等目标的责任。因此，必须同时承担进行安全管理、实现安全生产的责任。

1）建立、完善以项目经理为首的安全生产领导小组，有组织、有领导地开展安全管理活动，承担组织、领导安全生产的责任。

2）建立各级人员安全生产责任制度，明确各级人员的安全责任。抓制度落实，抓责任落实，定期检查安全责任落实情况，及时报告。

3）施工项目应通过监察部门的安全生产资质检查，并得到认可。一切从事生产管理与操作的人员，依照其从事的生产内容，分别通过企业、施工项目的安全审查，取得安全操作认可证，持证上岗。特种操作人员，如安装电工、焊工和起重工等，除经过企业安全审查外，还需按规定参加考核，取得监察部门核发的《安全操作合格证》。施工现场出现特种作业无证操作现象时，施工项目必须承担管理责任。

4）施工项目负责施工生产中物的状态审验与认可，承担物的状态漏验、失控的管理责任，承受由此而出现的经济损失。

5）一切管理、操作人员均需与施工项目签订安全协议，向施工项目做出安全保证。

6）安全生产责任落实情况的检查，应认真、详细地记录，作为分配、补偿的原始资料之一。

（3）设定施工安全管理目标

施工安全管理的目标应依据国家的有关法律法规、安全管理的主要方针以及施工企业的发展目标来制定。

施工安全管理目标应包括生产安全事故控制指标、安全生产隐患治理目标，以及安全生产管理目标等，安全管理目标应量化。

例如，某工程中将安全管理目标设定为：确保无重大工伤事故，无消防事故，无重要设备损坏事故，杜绝死亡事故，轻伤率控制在3‰以内。

（4）制定安全管理的技术措施

建筑智能化工程的安全技术措施主要包括：

1）进入施工现场应佩戴安全帽，有高空作业时必须系好安全带。

2）为确保安全，对于采用的新工艺、新材料、新技术和新结构，制定有针对性的、行之有效的专门安全技术措施。

3）施工前及施工期间应进行安全技术交底。

4）施工现场用电必须按照《建设工程施工现场供用电安全规范》（GB 50194—2014）的规定执行。

5）搬运设备、器材应保证人身及器材安全。

6）采用光功率计测量光缆，不应用肉眼直接观察。

7）登高作业必须系好安全带，脚手架和梯子应安全可靠，梯子应有防滑措施，严禁两人同梯作业。

8）风力大于四级或雷雨天气，严禁进行高空或户外安装作业。

9）在安装、清洁有源设备前必须先将设备断电，不得用液体、潮湿的布料清洗或擦拭带电设备。

10）设备必须放置稳固，并防止水或湿气进入有源硬件设备机壳。

11）确认工作电压同有源设备额定电压一致。

12）硬件设备工作时不得打开外壳。

13）在更换插接板时宜使用防静电手套。

14）应避免践踏和拉拽电源线。

15）带电作业必须两人进行，禁止一个人操作，所有用电设备必须装设漏电保护器，并设专人检查维修。

16）使用冲击钻和电钻时，外壳必须接地，潮湿处应穿绝缘鞋，戴绝缘手套，以防触电；使用电焊、气焊时，应戴防护帽和手套，配合人员戴护目镜。

17）用摇表测试绝缘电阻时，应防止触及正在测试中的线路或设备，测定后立即放电。

18）禁止带电操作，禁止带负荷送电或断电，试灯或通电试验时的导线接头必须包好绝缘胶布，不得裸露在外，带电设备要挂警告牌。

19）施工中使用的临时线路必须布置整齐、安全，不得有破裂和线芯裸露在外的现象，用完后应立即断电。

（5）进行安全教育

安全教育是落实"预防为主"的重要环节。通过安全教育，增长安全意识，使职工的安全生产思想不松懈，并将安全生产贯彻于生产过程中，才能收到实际效果。

1）安全教育的内容。安全教育主要包括思想、知识、技术和法制四个方面的教育。

① 安全思想教育主要包括尊重人、爱护人的思想教育；国家对安全生产的方针、政策教育；遵守厂规、厂纪教育。使职工懂得遵守劳动纪律与安全生产的重要性，工作中执行安全操作规程，保证安全生产。

② 安全知识教育主要包括施工生产一般流程，安全生产一般注意事项，工作岗位安全生产知识教育。使职工了解施工特点、注意事项、高空作业防护和各种预防设备的使用。

③ 安全技术教育包括安全生产技术与安全技术操作规程的教育，应结合工种岗位进行安全操作、安全防护、安全技能培训，使上岗职工能胜任本职工作。

④ 安全法制教育主要包括安全生产法规、法律条文，安全生产规章制度的教育。使职工遵法、守法、懂法，一般结合事故案例进行针对性教育，避免再发生类似事故。

2）安全教育的方式。

① 坚持三级教育。公司进行安全基本知识、法规、法制教育；工程处或施工队进行现场规章制度、遵章守纪教育；施工班组进行工种岗位安全操作、安全制度、纪律教育。

② 对特殊工种进行培训。对电工等特别作业人员进行培训并进行考核；未经教育，没有合格证和岗位证的，不能上岗。

③ 经常性教育。通过开展安全月、安全日、班组的班前安全会、安全教育报告会、电影等多种形式，将劳动保护、安全生产规程及上级有关文件进行宣传，使职工重视安全，预防各种事故发生。

（6）安全检查

在施工过程中，为了及时发现事故隐患，堵塞事故漏洞，预防事故发生，应进行各种形式的安全检查。安全检查多采用专业人员检查与群众性检查相结合的方法，但以专职性检查为主。安全检查的形式有：

1）经常性安全检查。一般由工长、安全员和班组长在日常生产中完成的安全技术操作、安全防护装置、安全防护用品、安全纪律与安全隐患检查。

2）季节性安全检查。通常由主管领导及有关职能部门完成的春季防传染病检查，夏季防暑降温、防风、防汛检查，秋季防火检查，冬季防冻检查。

3）专业性安全检查。主要由安全部门与各职能部门进行的压力容器、焊接工具、起重设备、车辆与高空、爆破作业等的检查。

4）定期性检查。公司每年一次（普通检查），工程处或施工队每季一次，必要的节假日检查。

5）安全管理检查。由安全技术部门及有关职能部门进行的安全生产规划与措施，制度与责任制，施工原始记录、报表、总结、分析与档案等的检查。

安全检查的目的是发现、处理、消除危险因素，避免事故伤害，实现安全生产。消除危险因素的关键环节在于认真整改，真正地把危险因素消除。对于一些由于种种原因而一时不能消除的危险因素，应逐项进行分析，寻求解决办法，安排整改计划，尽快予以消除。

（7）安全事故处理

各级安全生产监察机构要增强执法意识，做到严格、公正、文明执法。对严重忽视安全生产的企业及其负责人和业主，要加大行政执法和经济处罚力度，对安全事故处理坚持做到"四不放过"，即事故原因未查明不放过、责任人员未受到处理不放过、整改措施未落实不放过、事故责任人和周围群众未受到教育不放过。安全事故的处理程序为：

1）事故报告。生产安全事故发生后，受伤者或最先发现事故的人员应立即用最快的传递手段，将发生事故的时间、地点、伤亡人数、事故原因等情况，向施工单位负责人报告。根据我国住房和城乡建设部《关于做好房屋建筑和市政基础设施工程质量事故报告和调查处理工作的通知》（建质［2010］111号）的规定，施工单位负责人接到报告后，应当在1h内向事故发生地县级以上人民政府建设主管部门和有关部门报告。

2）抢救伤员，保护现场，并采取措施防止事态进一步扩大。若现场有人员伤亡，进行事故报告的同时，应立即组织人员抢救伤员，并拉上警戒线，保护现场不受破坏。如果事态还在持续发展，应采取有效措施防止事态的进一步恶化。

3）事故调查。根据《生产安全事故报告和调查处理条例》（第493号国务院令）的相关规定，特别重大事故由国务院或者国务院授权有关部门组织事故调查组进行调查。重大事故、较重大事故、一般事故分别由事故发生地省级人民政府、设区的市级人民政府、县级人民政府负责调查。未造成人员伤亡的一般事故，县级人民政府也可委托事故发生单位组织事故调查组进行调查。

事故调查组应当自事故发生之日起60d内提交事故调查报告。特殊情况下，经负责事故调查的人民政府批准，提交事故调查报告的期限可以适当延长，但延长的期限最长不超过60d。

4）事故处理。有关机关应当按照人民政府的批复，依照法律、行政法规规定的权限和程序，对事故发生单位和有关人员进行行政处罚，对负有事故责任的国家工作人员进行处分。事故发生单位应当按照负责事故调查的人民政府的批复，对本单位负有事故责任的人员进行处理。负有事故责任的人员涉嫌犯罪的，依法追究刑事责任。

2. 建筑智能化工程安全技术交底记录卡的填写

（1）安全技术交底的内容

安全技术交底是一项技术性很强的工作，对于贯彻设计意图、严格实施技术方案、循规操作、保证施工质量和施工安全至关重要。

安全技术交底需要从公司到项目部层层进行。一般来说，在不同层次之间，以及针对不同的分项工程进行交底，其内容和深度也不尽相同。公司对项目部的交底一般包括以下内容：

1）本施工项目的施工作业特点和危险点。

2）针对危险点的具体预防措施。

3）应注意的安全事项。

4）相应的安全操作规程和标准。

5）发生事故后应及时采取的避难和急救措施。

（2）安全技术交底的要求

1）项目经理部必须实行逐级安全技术交底制度，纵向延伸到班组全体作业人员。

2）技术交底必须具体、明确，针对性强。

3）技术交底的内容应针对分部分项工程施工中给作业人员带来的潜在危险因素和存在问题。

4）应优先采用新的安全技术措施。

5）对于涉及"四新"项目或技术含量高、技术难度大的单项技术设计，必须经过两阶段技术交底，即初步设计技术交底和实施性施工图技术设计交底。

6）应将工程概况、施工方法、施工程序、安全技术措施等向工长、班组长进行详细交底。

7）定期向由两个以上作业队和多工种进行交叉施工的作业队伍进行书面交底。

8）保持书面安全技术交底签字记录。

（3）安全技术交底记录卡

根据交底的子系统内容和交底的对象，填写安全技术交底记录卡，并相互签字。安全技术交底记录卡见表8-1。

3. 建筑智能化工程文明施工与环境保护方案的编写

文明施工是指保持施工现场良好的作业环境、卫生环境和工作秩序。因此，文明施工也是保护环境的一项重要措施。环境保护至关重要，若环境受到污染，工人和周围的居民将直接受害。

（1）文明施工与环境保护方案的主要内容

1）规范施工现场的场容，保持作业环境的整洁卫生。

2）科学组织施工，使生产有序进行。

3）减少施工对周围居民和环境的影响。

4）遵守施工现场文明施工的规定和要求，保证职工安全和身体健康。

（2）现场文明施工和环境保护的基本要求

1）施工现场应做好围挡、大门、标牌标准化，材料码放整齐化，安全设施规范化，生活设施整洁化，职工行为文明化，工作生活秩序化。

表 8-1　安全技术交底记录卡

工程名称		施工单位	
分部工程		分项工程	

交底内容：

交底人		交底日期	
接受人签字			

2）施工中要做到工完场清、施工不扰民、现场不扬尘、运输无遗洒、垃圾不乱弃，努力营造良好的施工环境。

3）减少施工机械作业、清理修复作业、脚手架的安装与拆除等产生的噪声污染，防治生活垃圾、建筑垃圾等产生的固体废弃物污染，避免夜间施工、焊接作业造成的光污染，排除食堂、厕所等处产生的废水污染，减少施工现场用电、用水的资源消耗。

（3）现场文明施工和环境保护的具体措施

1）施工现场要按照施工平面图的要求进行布置，施工单位应当将施工现场的办公、生活区与作业区分开设置，并保持安全距离。办公、生活区的选址应当符合安全性要求。职工的膳食、饮水、休息场所等应符合卫生标准。施工单位不得在尚未竣工的建筑物内设置员工集体宿舍。

2）施工现场必须实行封闭管理，设置进出大门，制定门卫管理制度，严格执行外来人员登记制度。沿工地四周设置围挡，市区主要路段和其他涉及市容景观的路段，工地的围挡高度不低于 2.5m，其他工地的围挡高度不低于 1.8m，围挡材料要求坚固、稳定、统一、整洁。

3）施工现场必须设有"五牌二图"，即工程概况牌、管理人员名单及监督电话牌、消防保卫牌、安全生产牌、文明施工牌，以及施工现场平面布置图和施工进度图。

4）施工现场应推行硬地坪施工，作业区、生活区的地面应用混凝土进行硬化处理；现场的泥浆、污水、废水严禁外流或堵塞下水道和排水河道，现场道理每天设专人清扫。

5）建筑材料、构配件、料具做到安全、分门别类整齐堆放，悬挂标牌，不用的施工机具和设备应及时安排出场。

6）现场宿舍应保持通风良好、整洁、安全，宿舍内的床铺不得超过 2 层，严禁使用通铺；食堂有良好的通风和洁卫措施，炊事员持健康证上岗；现场还应设置男女分开的淋浴室和厕所。

7）建立消防管理制度和火灾应急响应机制，并落实责任人员和防火措施，配备防火器材；需要使用明火的，严格按动用明火规定执行。

8）现场应配备医疗急救药品和急救箱。

9）建立安全保卫制度，落实责任人，加强治安综合治理和社区服务工作，避免盗窃事件和扰民事件的发生。

10）建立环境保护、环境卫生管理和检查制度，并做好检查记录。

11）施工期间应制定降噪措施，确实需要夜间施工的，应办理夜间施工许可证，并公告附近居民。

12）尽量避免和减少施工过程中的光污染。夜间室外照明灯加设灯罩，透光方向集中在施工范围内；电焊作业采取遮挡措施，避免电焊弧光外泄。

13）施工现场的污水经沉淀处理后二次使用或者排入市政污水管网。

14）施工现场的固体废弃物应在县级以上地方政府环卫部门申报登记，分类存放。建筑垃圾和生活垃圾应与所在地消纳中心签署环保协议，及时清运处理，有毒有害废弃物应运送专门的有毒有害废弃物中心消纳。

15）施工中需要停水、停电、封路而影响周围居民的，必须经有关部门批准，事先告示，并设有标志。

五、问题探究

1. 建筑智能化工程职业健康安全与环境管理的特点

建筑智能化工程职业健康安全与环境管理有以下特点。

（1）多变性

一方面是项目建设现场的材料、设备和工具的流动性大；另一方面是由于技术进步，项目不断引入新材料、新设备和新工艺，这些都使得建筑智能化工程施工项目的安全与环境管理充满了变数。

（2）复杂性

由于建筑智能化工程施工项目所用的材料、设备和施工工艺更新换代较快，使得与之对应的安全与环境管理的难度也加大，复杂性增加。

（3）协调性

由于建筑智能化工程的施工与土建、装饰等存在不同程度的交叉作业，所以施工中涉及不同的承包人、不同工种之间的协调配合，安全与环境管理工作也需要相互协调配合。

（4）持续性

建筑智能化工程施工项目从设计、施工到投入使用要经历一个相对较长的时间段，设计和施工中的隐患可能会在使用过程中暴露，酿成安全事故。

2. 建筑智能化工程职业健康安全管理的目标与要求

建筑智能化工程职业健康安全管理是用现代管理的科学知识，通过努力改善劳动和工作条件，消除不安全因素，防止伤亡事故发生，使劳动生产在保障劳动者安全健康和人民生命财产安全不受损失的前提下顺利进行而采取的一系列管理活动。

（1）职业健康安全管理的目标

职业健康安全管理的目标是项目根据企业的整体目标，在分析外部环境和内部条件的基础上，确定职业健康安全生产所要达到的目标，并采取一系列措施去努力实现的活动过程。职业健康安全管理的目标为：

1）控制目标。杜绝因工重伤、死亡事故的发生；负轻伤年频率在 6‰ 以内；不发生火灾、中毒和重大机械事故；无环境污染和严重扰民事件。

2）管理目标。重大事故隐患整改率达到 100%，一般隐患整改率达到 95%；扬尘、噪声、职业危害作业点合格率达到 100%；保证施工现场达到当地省（市）级文明安全工地要求。

3）工作目标。施工现场实现全员职业健康安全教育。特种作业人员持证上岗率达到 100%，操作人员三级职业健康安全教育率达到 100%；按期开展职业健康安全检查活动，隐患整改做到"四定"，即定整改责任人、定整改措施、定整改完成时间、定整改验收人；认真把好职业健康安全生产的"七关"，即教育关、措施关、交底关、防护关、文明关、验收关、检查关；认真开展重大职业健康安全活动和项目日常职业健康安全活动。

（2）职业健康安全管理的要求

为保证国家有关安全生产的政策、法规及施工现场安全管理制度的落实，建筑智能化工程承包企业应从以下几个方面着手认真贯彻和严格执行《职业健康安全管理体系》。

1）建立健全项目职业健康安全管理机构。

2）及时收集、整理和归档有关项目健康安全的信息和资料。

3）建立符合项目特点的职业健康安全制度，包括安全生产责任制度，安全生产教育制度，安全生产检查制度，现场安全管理制度，电气安全管理制度，防火，防爆安全管理制度，高处作业安全管理制度，劳动卫生安全管理制度等。

4）强调项目实施人员操作规范化管理，杜绝由于违反操作规程而引发的工伤事故。

5）从技术上采取措施，消除危险，保证项目实施人员的职业健康安全。

6）重视实施现场职业健康安全设施管理，要求现场材料设施有序摆放和科学管理。

7）职业健康安全体系必须与项目主体工程设计施工同步建立、同步实施和同步使用。

3. 建筑智能化工程的环境管理要求

1）组织应遵照《环境管理体系要求及使用指南》（GB/T 24001—2016）的要求，建立并持续改进环境管理体系。

2）组织应根据批准的建设项目环境影响报告，通过对环境因素的识别和评估，确定管理目标及主要指标，并在各个阶段贯彻实施。

3）项目的环境管理应遵循下列程序：

① 确定环境管理目标。

② 进行项目环境管理策划。

③ 实施项目环境管理策划。

④ 验证并持续改进。

4）项目经理负责现场环境管理工作的总体策划和部署，建立项目环境管理组织机构，制定相应制度和措施，组织培训，使各级人员明确环境保护的意义和责任。

5）项目经理部应按照分区划块原则，做好现场的环境管理工作，进行定期检查，加强协调，及时解决发现的问题，实施纠正和预防措施，保持现场良好的作业环境、卫生条件和工作秩序，做到污染预防。

6）项目经理部应对环境因素进行控制，制定应急准备和响应措施，并保证信息通畅，预防可能出现非预期的损害。在出现环境事故时，应消除污染，并应制定相应措施，防止环境二次污染。

7）项目经理部应保存有关环境管理的工作记录。

8）项目经理部应进行现场节能管理，有条件时应规定能源使用指标。

4. 建筑智能化工程职业健康安全与环境体系的建立与运行

（1）管理体系的建立步骤

1）领导决策。最高管理者亲自决策，以便获得各方面的支持和在体系建立过程中所需的资源保证。

2）成立工作组。由最高管理者或其授权的代表成立工作小组，负责建立体系。工作组的成员要覆盖组织的主要职能部门。

3）人员培训。组织专门的培训工作，使有关人员了解建立管理体系的重要性和管理措施。

4）初始状态评审。对组织过去和现在的职业健康安全与环境的信息、状态进行收集、调查分析、识别，获取现行法律法规和其他要求，进行危险源识别和风险评价、环境因素识别和环境影响评价。评审结果将作为职业健康安全与环境管理的方针，来制定管理方案。

5）制定方针、目标、指标和管理方案。根据初始状态评审结果来制定职业健康安全与环境管理体系的方针和管理目标，确定管理体系的评价指标，编制管理方案。

6）管理体系文件的策划与设计。管理体系文件策划的主要工作有：确定文件结构；确定文件编写格式；确定各层次文件的名称及编号；指定文件编写计划；安全文件的审查、审批和发布工作。

7）体系文件的编写。体系文件包括管理手册、程序文件和作业文件三个层次。不同层次的文件，其内容和覆盖范围、详略处理各不相同。

8）体系文件的审查、审批和发布。体系文件编写完成以后，应进行审查、审批和发布工作。

（2）管理体系的运行

职业健康安全与环境管理体系的运行主要围绕下列活动进行：

1）安全培训。由培训部门根据体系文件的要求，编制详细的培训计划，明确培训人员、时间、内容、方法和考核要求。

2）信息交流。信息交流是确保各生产要素构成一个完整的、动态的、持续改进的体系基础。施工中主要关注信息交流的内容和方式。

3）文件管理。对现有文件进行整理编号；对适用的规范、标准等及时购买补充，对适用的表格及时发放；对在内容上有抵触或过期的文件及时作废并妥善处理。

4）执行控制程序文件。体系的执行离不开控制程序文件的指导，因此必须严格执行才能保证体系的正确执行。

5）监测。执行过程中应及时对体系的运行情况进行严格的监测，监测中应明确监测对象和监测方法。

6）偏差的纠正和预防措施的制定、实施。将监测出来的结果与计划进行对比，发现偏差应及时采取措施进行纠正，同时注意预防。

7）记录。体系的运行过程应及时按文件要求如实进行记录。

六、知识拓展与链接

1. 危险源

（1）危险源的概念

危险源是指可能导致人身伤害或疾病、财产损失、工作环境破坏或这些情况组合的危险因素和有害因素。

危险源是安全管理的主要对象。安全管理又称危险管理或安全风险管理。

（2）危险源的分类

在实际生活和生产过程中，危险源的存在形式是多种多样的。危险源导致事故的原因可归结为危险源的能量意外释放或有害物质泄漏。根据危险源在事故发生、发展中的作用，将危险源分为两大类，即第一类危险源和第二类危险源。

1）第一类危险源。可能发生意外释放能量的载体或危险物质称为第一类危险源。能量或危险物质的意外释放是事故发生的物理本质。通常将产生能量的能量源或拥有能量的能量载体作为第一类危险源来对待处理，如易燃易爆物品、有毒或有害物品等。

2）第二类危险源。可能造成约束、限制能量措施失效或破坏的各种不安全因素称为第二类危险源，如易燃易爆物品的容器、有毒或有害物品的容器、机械制动装置等。

第二类危险源包括人的不安全行为、物的不安全状态和管理上的缺陷三个方面。

（3）危险源与事故

事故的发生是两类危险源共同作用的结果。第一类危险源失控是事故发生的前提；第二类危险源失控则是第一类危险源导致事故的必要条件。在事故发生和发展过程中，第一类危险源是事故的主体，决定事故的严重程度，第二类危险源则决定事故发生的可能性大小。

2. 环境因素和危险源的识别与描述

（1）环境因素的识别

在建筑智能化工程施工管理时，除了考虑自身活动的环境因素外，还要考虑所在地的环境因素、各种原辅材料及产品中的环境因素等。识别时，还应考虑三种时态（过去、现在、将来）、三种状态（正常、异常、紧急）、九个方面［向大气的排放、向水体的排放、向土地的排放、原材料和自然资源的使用、能源的使用、能量排放、废物和副产品、物理属性（如大小、形状、颜色、外观等），以及可能施加影响的环境因素等］。

环境因素的描述应具体，如食堂含油废水的排放、锅炉废气 SO_2 的排放、烟尘的排放、油漆气体中苯系物的排放等。

（2）危险源的识别

危险源的识别和分析方法如下：

1）物理性危险危害因素：设备设施缺陷、防护缺陷、电危害、噪声危害、振动危害、电磁辐射、运动物危害、明火、能造成灼伤的高温物质、造成冻伤的低温物质、粉尘与气溶胶、作业环境不良、信号缺陷、标志缺陷等。

2）化学性危险危害因素：易燃易爆性物质、自燃性物质、有毒物质、腐蚀性物质等。

3）生物性危险危害因素：致病微生物、传染病媒介物、致害动物、致害植物等。

4）心理、生理性危险危害因素：工作负荷超限、健康状况异常、从事禁忌作业、心理异常等。

5）行为性危险危害因素：指挥失误、操作失误、监护失误、其他错误等。

6）其他危险危害因素。

在描述危险源时，应描述可能导致的伤害或疾病、财产损失、工作环境破坏或这些情况组合的根源或状态，如木工房电线老化、食堂明火上拉设电线、宿舍私接电炉及电饭锅、司机酒后驾车、车辆制动失灵、搅拌机的电线挂在塔式起重机的铁架上、楼梯边无防护栏、预留洞口无防护等。在危险源的清单中，也应将可能导致的事故一并描述。

七、质量评价标准

本项目的质量考核要求及评分标准见表 8-2。

表 8-2　质量考核要求及评分标准（八）

考核项目	考核要求	配分	评分标准	扣分	得分	备注
安全生产管理方案的编写	1）方案符合智能化工程实际 2）方案的结构与内容完整 3）安全管理目标明确 4）安全管理的依据充分 5）安全管理的措施恰当	40	1）不符合实际，每处扣3分 2）不完整，每处扣3分 3）目标不明确，每处扣3分 4）依据不充分，扣5分 5）措施不恰当，每处扣3分			
安全技术交底记录卡的填写	1）交底内容完整 2）交底内容符合工程实际	20	1）交底内容不完整，扣5分 2）不符合工程实际，每处扣3分			
文明施工管理方案的编写	1）方案符合智能化工程实际 2）方案的结构与内容完整 3）文明施工管理目标明确 4）文明施工管理的依据充分 5）文明施工管理的措施恰当	40	1）不符合实际，每处扣3分 2）不完整，每处扣3分 3）目标不明确，每处扣3分 4）依据不充分，扣5分 5）措施不恰当，每处扣3分			
总计						

八、项目总结与回顾

通过本项目的学习，你觉得在建筑智能化工程中可能存在的安全问题有哪些？如何才能避免出现安全事故？

习　题

1. 填空题

1）安全管理是对生产中的一切_____、_____、_____的状态进行管理与控制，是一种_____管理。

2）文明施工是指保持施工现场良好的_____、_____和_____。

3）安全教育主要包括_____、_____、_____和_____四个方面的教育。

4）市区主要路段和其他涉及市容景观的路段，工地的围挡高度不低于_____，其他工地的围挡高度不低于_____，围挡材料要求坚固、稳定、统一、整洁。

2. 判断题

1）职业健康安全体系必须与项目主体工程设计施工同步建立、同步实施和同步使用。（　　）

2）现场宿舍应保持通风良好、整洁、安全，宿舍内的床铺不得超过 3 层，严禁使用通铺。（　　）

3）应将工程概况、施工方法、施工程序、安全技术措施等向施工工人进行详细交底。（　　）

4）危险源导致事故的原因可归结为危险源的能量意外释放或有害物质泄漏。（　　）

3. 单选题

1）由于建筑智能化工程的施工与土建、装饰等存在不同程度的交叉作业，所以施工中涉及不同的承包人、不同工种之间的协调配合，这属于安全与环境管理工作的（　　）。

A. 复杂性　　　　B. 协同性　　　　C. 持续性　　　　D. 多变性

2）安全生产法规、法律条文，安全生产规章制度的教育，属于（　　）。

A. 思想教育　　　B. 知识教育　　　C. 技术教育　　　D. 法制教育

4. 问答题

1）建筑智能化工程职业健康安全与环境管理的特点是什么？

2）建筑智能化工程安全管理的目标是什么？

3）建筑智能化工程环境管理的要求是什么？

4）建筑智能化工程安全管理的措施有哪些？

5）建筑智能化工程文明施工的具体要求是什么？

6）建筑智能化工程职业健康安全与环境管理体系的建立步骤有哪些？

7）建筑智能化工程职业健康安全与环境管理体系的运行靠哪些活动开展？

8）危险源的种类有哪些？各有什么特点？

项目九　建筑智能化工程施工组织设计

一、学习目标

1）熟悉建筑智能化工程施工组织设计的内容。
2）熟悉建筑智能化工程施工组织设计的结构。
3）掌握建筑智能化工程施工组织设计的方法。

二、项目导入

施工组织是指结合建筑智能化工程项目的特点，对生产过程中的人员、材料、机具设备、施工方法等方面的要素进行统筹安排。施工组织设计是用来规划和指导拟建工程从投标、签订施工合同、施工准备、施工过程到竣工验收全过程的综合性技术经济文件。

三、学习任务

1. 项目任务

本项目的任务是根据项目一中的建筑智能化工程项目案例，完成施工组织设计。

2. 任务流程图

本项目的任务流程图如图 9-1 所示。

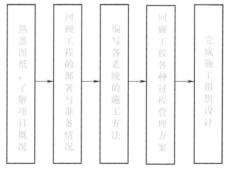

图 9-1　任务流程图（九）

四、操作指导

1. 建筑智能化工程施工组织设计的内容

（1）工程概况及编制说明

包括工程名称、地点、施工内容等基本工程信息以及编制依据和编制说明。编制依据主要是指国家及本地区有关建筑智能化工程的现行施工、验收规范、规定、标准；编制说明一般需要阐述本施工组织设计的编制出发点和编制意图。

（2）施工部署

施工部署一般包括施工准备、图纸的深化设计及会审、施工阶段的划分及各阶段的主要工作安排。

（3）主要施工方法

主要包括拟建的建筑智能化工程涉及的各个子系统的工艺流程、施工要点等内容。

（4）施工进度计划及进度控制措施

主要包括工期目标、施工进度计划的编制说明及进度计划表、进度控制方法和保证措施。由于建筑智能化工程各子系统的施工相对独立，各工序之间的逻辑关系并不复杂，所以其进度计划一般编制成横道图。

（5）安全、文明施工与环境保护措施

一般包括安全生产目标与文明施工目标；安全管理的原则及安全保证体系；建筑智能化工程施工的安全保证措施、文明施工措施和环境保护措施。

（6）施工资源管理

1）人力资源管理方面包括建筑智能化工程施工项目经理部的组织机构图、管理人员的配置及各自的简历概况、岗位职责、各种管理制度；工人的劳动力投入计划等。

2）材料与设备管理方面包括工程需投入的主要材料、设备的规格、品种、数量；材料的采购、验收、检验、库存管理及发放。

3）施工机具管理方面主要包括施工机具的选用、检测、维修与保养。

（7）现场管理

现场管理一般与以下内容有关：劳动力的进退场、劳动组织、技术交底；材料设备和施工机具的进场、验收、存放等；本单位内部及与在现场作业的外单位之间的协调配合。

（8）质量保证措施

包括建筑智能化工程的施工质量目标、质量保证体系和质量保证措施。

（9）工程施工重点、难点分析及解决方法

工程施工的关键工作、部位、薄弱环节是施工管理的重点；难点一般来自不利的气候、交通运输条件、不同单位之间的沟通协调、需要用到的新设备和新技术等，施工组织设计中需要提出相应的解决方案。

（10）新材料、新设备、新工艺和新技术的运用

由于建筑智能化工程涉及的材料、设备更新换代比较快，与之有关的施工工艺和技术也必须及时更新。新技术的运用无论如何也不会像常规技术那样娴熟，所以如果拟建工程涉及此种情况，往往需要在施工组织设计中交代清楚，在管理上引起重视。

（11）竣工验收与工程保修

此部分可以单列，也可以放到质量保证措施中进行阐述。

2．施工组织设计的编制要求

1）认真贯彻执行国家对工程建设的各项方针政策、法律、法规及有关行政规章制度，严格基本建设程序和施工程序。

2）认真贯彻执行有关的施工标准和验收规范、操作规程，以确保施工质量和安全。

3）优先采用适用于本公司的技术上先进、经济上合理的施工方法和关键技术。

4）科学合理地组织施工，优化施工方法，合理安排冬季和雨季施工项目，保证施工的连续性和均衡性。

5）尽量减少临时设施的建设，合理存储物资，科学有效地布置施工平面，紧凑安排，减少施工用地。

6）施工组织设计应该根据项目具体情况编写，不能照搬投标施工组织设计或从网上下载照搬照抄。

7）编制要求具有针对性和可操作性，应做到条例清楚、数据准确、经济合理、方案可行。

五、问题探究

1. 建筑智能化工程施工组织设计的作用

编制施工组织设计是组织建筑智能化工程施工的一个不可缺少的程序。它是合理组织施工过程和加强企业管理的一项重要措施，是行之有效的科学管理方法。施工组织设计是指导施工准备和组织施工的全面性技术、经济文件，不得随意改变。如需改变，则必须经过原审批部门的同意。施工组织设计的作用有：

1）指导工程投标与签订施工合同，作为投标书的内容和合同文件的一部分。

2）保证各施工阶段的准备工作及时进行。

3）明确施工重点和影响工程进度的关键施工过程，并提出相应的技术、质量、安全、文明等各项目标及技术组织措施，提高综合效益。

4）协调各总包单位与分包单位、各工种、各类资源、资金、时间等方面在施工程序、现场布置和使用上的相应关系。

2. 建筑智能化工程施工组织设计的编制依据

1）主管部门的批示文件及建设单位的要求。

2）施工图及设计单位对施工的要求。其中包括全部的施工图、会审记录和标准图等有关设计资料，建筑智能化工程对土建施工的要求以及设计单位对新结构、新材料、新技术和新工艺的要求。

3）施工企业年度施工计划。包括对该工程的安排和工期的规定，以及其他项目穿插施工的要求等。

4）单位工程施工组织设计对该工程的安排和规定。

5）工程预算文件和有关定额。应有详细的分部分项工程量，必要时应有分层、分段、分部位的工程量，使用的预算定额和施工定额。

6）建设单位对工程施工可能提供的条件。如供水、供电、供热的情况，以及可借用临时办公、仓库、宿舍的施工用房等。

7）施工现场条件及勘查资料。如高程、地形、地质、水文、气象、交通运输、现场障碍等情况，以及工程地质勘查报告。

8）有关规范、规程和标准。如安装工程施工及验收规范、安装工程质量检验评价标准、安装工程技术操作规程等。

3. 建筑智能化工程施工组织设计的编制程序

建筑智能化工程施工组织设计的编制程序，是指对其各组成部分形成的先后次序及相互之间的制约关系的处理。根据工程的特点和施工条件的不同，其编制程序繁简不一。一般建筑智能化工程施工组织设计的编制程序如图 9-2 所示。

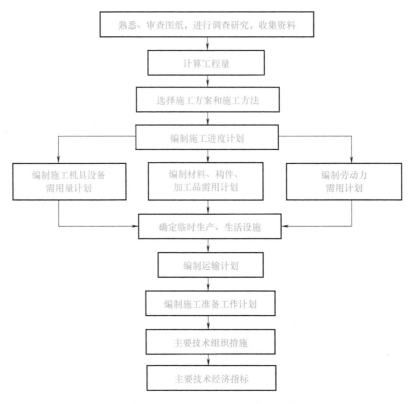

图 9-2 建筑智能化工程施工组织设计的编制程序

六、知识拓展与链接

1. 建筑智能化工程的竣工验收

（1）建筑智能化工程的竣工验收目的

建筑智能化工程建设项目是集现代建筑技术、计算机技术、控制技术、图像显示技术于一体的系统工程。因此，必须根据建筑智能化系统的特点，科学合理地组织和实施系统工程的竣工验收。其目的主要有以下几个方面：

1）对工程施工质量全面考察。建筑智能化工程竣工验收将按规范和技术标准通过对已竣工工程进行检查和试验，考核承包人的施工质量、系统性能是否达到了设计要求和使用能力，是否可以正式投入运行。通过竣工验收可及时发现和解决系统运行和使用方面存在的问题，以保证系统按照设计要求的各项技术经济指标正常投入运行。

2）明确和履行合同责任。系统能否顺利通过竣工验收，是判别承包人是否按系统工程承包合同约定的责任范围完成工程施工义务的标志。完满地通过竣工验收后，承包人可以与业主办理竣工结算手续，将所施工的工程移交业主或物业公司使用和照管。

3）是系统交付使用的必备程序。系统工程竣工验收，也是全面考核工程项目建设成果，检验项目决策、规划与设计、施工、管理综合水平，以及工程项目建设经验的重要环节。系统只有经过竣工验收，才能正式交付业主或物业公司使用，办理设备与系统的移交。

（2）建筑智能化工程的竣工验收方式。建筑智能化工程竣工验收应采用分系统、分阶段多层次和先分散后集中的验收方式，整个系统验收按施工和调试运行阶段分为管线验收（隐蔽工程验收）、单体设备验收、单项系统功能验收、系统联动（集成）验收、第三方测试验收、系统竣工交付验收六个层次验收方式。采用分阶段多层次验收方式有以下优点：

1）便于及时有效地实施质量控制、进度控制。建筑智能化工程施工周期、试运行周期均很长，由于各种原因，有些系统的竣工交付验收可能要在建筑正常运营数年以后。分系统、分阶段多层次验收方式可在系统建设和试运行的每个关键环节实施监控，确保工程质量与进度；同时也把复杂的验收工作分散在工程的各个阶段分步完成，加强每一施工阶段的验收任务。系统采用分阶段及时验收，使系统验收的技术数据、工程图纸、设备资料等更完整、更实际，同时也有利于系统验收工作细化，更具有可操作性。

2）有利于已建系统及时投入运行。建筑智能化系统包括许多子系统，通常整个施工、调试、试运行、验收周期很长，但一些特殊的系统如消防、安保、通信等，应建成后及时验收和投入使用。分阶段多层次验收方式可将系统验收内容进行有效的分解，只要系统使用功能达到设计和规范要求，即可进行系统的功能性验收，而后系统即可投入试运行。而一些非功能性的验收工作如竣工资料审核、设备清点、工作量核算等，可随后在系统试运行至系统交付前进行。

3）适合不同的工程承包模式。建筑智能化系统工程项目，是一项技术先进、涉及领域广、投资规模大的建设项目，目前主要有工程总承包、系统总承包安装分包、总包管理分包实施和全分包实施四种模式。分阶段多层次验收方式因系统验收工作分阶段、分层次具体化，可在每个施工节点及时验收并进行工程交接，故能适合各种工程承包模式，有利于形成规范的随工验收、交工验收、交付验收制度，便于划清各方工程界面，有效地实施整个项目的工程管理。

（3）建筑智能化工程竣工验收的主要内容

建筑智能化工程竣工验收过程可分为管线验收（隐蔽工程验收）单体设备验收、单项系统功能验收、系统联动（集成）验收、第三方测试验收、系统竣工交付验收六个阶段，每个阶段验收的主要内容有：

1）管线验收（隐蔽工程验收）。建筑智能化工程的管线验收是指对系统的电管和线缆安装、敷设和测试完成后进行的阶段验收。管线验收是管线施工和设备安装与调试的工作界面，只有通过管线验收才可进一步进行设备通电试验。管线验收可以作为机电设备施工管线隐蔽工程验收的一部分，由监理组织业主、施工单位、系统承包人、设备供应商等共同参加。管线验收报告应包括管线施工图，施工管线的实际走向、长度与规格、安装质量、线缆测试记录等。在施工期内，验收报告可用于核算工作量和支付工程进度款，同时也是工程后期制作系统竣工图和竣工决算的依据。若设备安装与调试是由其他工程公司承担，也可依此办理管线交接。

2）单体设备验收。建筑智能化工程的单体设备验收是指系统设备安装到位、通电试验完成后，对已安装好的设备进行的验收，通常以现场安装设备为主。如卫星接收与 CATV 系统的天线、分支分配器和终端等，安保系统的摄像机、探测器，BA 系统的传感器、执行器等。

通过单体设备验收是进行系统调试的必要条件，同时也可对设备安装质量、性能指标、产地证明、实际数量等及时核实和清点。单体设备验收可由监理组织业主、安装公司、系统承包人、设备供应商等共同参加。验收报告应包括：设备供货合同，设备到场开箱资料，进口设备产地证明，设备安装施工平面图和工艺图，安装设备名称、规格、实际数量，试验数据等。单体设备验收报告可用于核算设备安装工作量和支付工程进度款，同时也是工程后期竣工决算的依据。若设备供应、安装与调试由多家工程公司承担，也可依此办理设备的移交或依此作为相互间的产品保护依据。

3）单项系统功能验收。建筑智能化工程的单项系统功能验收是指对调试合格的各子系统及时实施功能性验收（竣工资料 审核、费用核算等可在后续阶段进行），以便系统及早投入试运行发挥作用。单项系统功能验收可由监理组织业主、系统承包人、物业管理部门等共同参加验收。验收报告应包括：系统功能说明（方案）、工程承包合同、系统调试大纲、系统调试记录、系统操作使用说明书等。通过单项系统功能验收是系统可以进入试运行的必要条件，系统承包人还应及时对物业人员做相应技术培训。系统试运行期间，系统运行与维护由系统承包人与物业管理部门共同照管。

4）系统联动（集成）验收。建筑智能化工程的系统联动（集成）验收也是一种对系统的功能性验收。其区别在于，系统联动（集成）验收对象是各子系统正常运行条件下的系统间联动功能，或者是对各子系统的集成功能。系统联动（集成）验收可由监理组织业主、系统承包人、物业管理部门等共同参加验收。具体可根据系统联动（集成）的内容和规模以不同的方式操作，如子系统间联动验收（如消防和安保、消防和门禁等）可在单项系统功能验收后补充验收内容，BMS 类的系统集成可以作为 BA 系统功能的补充内容组织验收，而 IBMS 类的系统集成则应作为单独一个上层子系统组织验收。

5）第三方测试验收。建筑智能化工程通过系统功能和联动（集成）验收，并经过一定时间试运行后，应由国家有关部门组织竣工验收。但因建筑智能化工程的特殊性，尚无统一的部门来完成整个系统的验收。目前必须由行业监管部门组织的验收主要有消防部门负责的消防报警与联动控制系统工程，公安部门负责的安全防范系统工程，广电部门负责的闭路电视系统工程，电信部门负责的电话、程控交换机系统工程，无线电管委会负责的楼宇通信中继站的验收等。另外，技术监督部门还要组织综合布线系统验收、楼宇自控系统验收、智能建筑的检验和评估等。上述系统验收都必须先经过有资质的第三方测试，第三方资质由行业主管部门或权威机构认定。具体申报、测试、验收流程、验收资料要求和报告格式详见相应规范，这里不一一列举。

6）系统竣工交付验收。建筑智能化工程交付验收由国家有关部门和业主上级单位组成的验收委员会主持，业主、监理、系统承包人及有关单位参加。主要内容有：听取业主对项目建设的工作报告；审核竣工项目移交使用的各种档案资料；对主要工程部位的施工质量进行复验、鉴定，对系统设计的先进性、合理性、经济性进行鉴定和评审；审查系统运行规程，检查系统正式运行准备情况；核定收尾工程项目，对遗留问题提出处理意见；审查前阶段竣工验收报告，签署验收鉴定书，对整个项目做出总的验收鉴定。

整个工程项目竣工验收后，业主应迅速办理系统交付使用手续，并按合同进行竣工决算。

2. 建筑智能化工程的技术档案与资料管理

（1）建筑智能化工程技术档案与资料的内容

建筑智能化工程的技术档案与资料分为两部分：一部分是工程竣工技术档案，主要包括能证明工程质量的可靠程度及与工程使用、维护、改建、扩建有关的一切文件材料，随工程竣工一并提交有关单位存档备用；另一部分是施工单位积累的施工技术资料、经济资料和管理资料。

1）工程竣工技术档案包括以下文件：

① 开工报告。

② 设计变更、工程更改洽商单。

③ 施工组织设计、施工方案。

④ 施工技术交底。

⑤ 材料、设备出厂合格证及化验单。

⑥ 基础验收记录和安装调整测量记录。

⑦ 隐蔽工程检验记录。

⑧ 耐压、试运转记录。

⑨ 中间交工验收证明。

⑩ 未完工程处理协议书。

⑪ 停工、复工报告。

⑫ 质量检验评定、验收记录。

⑬ 竣工验收单。

⑭ 竣工图。

2）施工单位积累的档案资料包括以下文件：

① 以上工程竣工技术档案的全部资料。

② 施工日记。

③ 施工总结。

④ 重要的质量、安全技术方案的抉择资料。

⑤ 重要协议、重要会议纪要。

⑥ 工程合同预算。

⑦ 工程结算、核算资料。

（2）建筑智能化工程资料管理的主要措施

1）设专职资料员负责收发图纸、技术文件等，并建立相应台账。工程所有技术、质量、测量、物资检验试验，专业管理人员必须相互配合，按要求进行资料的收集整理。在收集整理过程中，要及时发现资料中的问题，按专业系统、时间、内容做交叉检查，发现问题及时解决。

2）收集资料要妥善保存，防止丢失和损坏，并随时整理，建立目录组卷，做到和施工进度同步到位。

3）施工资料收集整理与工资、奖金挂钩，奖优罚劣。

4）资料收集、整理由技术员和资料员共同进行，每月份进行两次资料检查，第一次在每月 10 日以前，主要检查上月资料存在问题的完善情况；第二次在每月 25 日以前，检查本月资料的完成和整理情况，并以此为准做资料月报，报公司技术管理部。

七、质量评价标准

本项目的质量考核要求及评分标准见表 9-1。

表 9-1 质量考核要求及评分标准（九）

考核项目	考核要求	配分	评分标准	扣分	得分	备注
施工组织设计方案	1）层次清晰,内容完整 2）具有针对性 3）符合工程实际,有指导性 4）数据准确,符合规范	100	1）层次不清,内容缺失,每处扣 5 分 2）出现与工程无关的内容,每处扣 5 分 3）进度计划、设备材料需求计划、劳动力使用计划、机具使用计划不吻合,每处扣 5 分 4）有违反施工规范的内容,每处扣 10 分			
总计						

八、项目总结与回顾

通过本项目的学习，你觉得在完成建筑智能化工程的施工组织设计过程中，最容易忽略的问题是什么？如何才能避免?

习　题

1. 填空题

1）施工组织是结合工程的特点，对生产过程中的_____、_____、_____、_____等方面的要素进行统筹安排。

2）施工组织设计是指导_____和_____的全面性技术、经济文件，不得随意改变。

3）资料收集、整理由_____和_____共同进行。

4）系统联动（集成）验收可由监理组织_____、_____、_____等共同参加验收。

2. 判断题

1）施工组织设计指导工程投标与签订施工合同，作为投标书的内容和合同文件的一部分。（　　）

2）系统完工后，就可以正式交付业主或物业公司使用，办理设备与系统的移交。（　　）

3）系统能否顺利通过竣工验收，是判别承包人是否按系统工程承包合同约定的责任范围完成工程施工义务的标志。（　　）

4）分阶段多层次验收方式只适合总包管理分包实施的模式。（　　）

3. 单选题

1）只有通过（ ）才可进一步进行设备通电试验。

A. 单体设备验收　　　B. 单体功能验收　　　C. 管线验收　　　D. 系统集成验收

2）系统试运行期间，系统运行与维护由（ ）与物业管理部门共同照管。

A. 建设单位　　　　　B. 监理单位　　　　　C. 设计单位　　　D. 系统承包人

4. 问答题

1）建筑智能化工程施工组织设计的作用是什么？

2）建筑智能化工程施工组织设计的依据是什么？

3）建筑智能化工程施工组织设计的要求有哪些？

4）建筑智能化工程竣工验收的目的是什么？

5）建筑智能化工程竣工验收的最佳方式是什么？

6）建筑智能化工程竣工技术档案及施工单位积累的档案资料有哪些？

7）建筑智能化工程资料管理的要求是什么？

参 考 文 献

[1] 樊伟樑. 智能建筑（弱电系统）工程施工组织设计 [M]. 北京：中国电力出版社，2006.
[2] 符长青，毛剑瑛. 智能建筑工程项目管理 [M]. 北京：中国建筑工业出版社，2007.
[3] 刘春泽，韩俊玲. 建筑电气施工组织管理 [M]. 2 版. 北京：中国建筑工业出版社，2012.
[4] 颜凌云，刘渊. 楼宇智能化工程造价与施工管理 [M]. 北京：中国建筑工业出版社，2014.
[5] 张植莉，张恬. 建筑电气施工组织管理 [M]. 哈尔滨：哈尔滨工程大学出版社，2012.
[6] 吕宣照. 建筑施工组织 [M]. 北京：化学工业出版社，2011.
[7] 李思康，李宁，李洪涛. 建筑施工组织实训教程 [M]. 北京：化学工业出版社，2015.
[8] 刘利国. 怎样识读建筑电气施工图 [M]. 北京：中国电力出版社，2016.
[9] 郭爱云. 建筑识图入门 300 例：建筑电气工程施工图 [M]. 武汉：华中科技大学出版社，2011.
[10] 孙景芝，韩永学. 电气消防 [M]. 北京：中国建筑工业出版社，2005.
[11] 李斯，龚爱平，陈远春，等. 智能化小区设计、施工、维护与管理实用手册 [M]. 北京：中国环境科学出版社，2002.
[12] 王建玉，等. 实用组网技术教程与实训 [M]. 北京：清华大学出版社，2005.
[13] 王建玉. 建筑智能化概论 [M]. 北京：高等教育出版社，2005.
[14] 芮静康. 建筑消防系统 [M]. 北京：中国建筑工业出版社，2006.
[15] 王建玉. 消防联动系统施工 [M]. 北京：高等教育出版社，2005.
[16] 王建玉. 建筑弱电系统安装 [M]. 北京：高等教育出版社，2007.
[17] 王建玉. 消防报警及联动控制系统的安装与维护 [M]. 北京：机械工业出版社，2012.
[18] 迟长春. 黄民德，陈建辉. 建筑消防 [M]. 天津：天津大学出版社，2007.
[19] 赵英然. 智能建筑火灾自动报警系统设计与实施 [M]. 北京：知识产权出版社，2005.
[20] 中华人民共和国住房和城乡建设部. 智能建筑工程质量验收规范：GB 50339—2013 [S]. 北京：中国建筑工业出版社，2013.
[21] 王建玉. 智能建筑安防系统施工 [M]. 北京：中国电力出版社，2012.